지구의 자연

지구의 자연

에밀리 보몽 기획 | 에마뉘엘 파루아시앵 글 | 베르나르 알뤼니·마리 크리스틴 르메이외·이브 르케슨 그림 | 과학상상 옮김
처음 찍은날 2011년 4월 15일 | 처음 펴낸날 2011년 4월 21일
펴낸곳 큰북작은북(주) | 펴낸이 김혜정 | 출판등록 제307-2005-000021호
주소 136-034 서울 성북구 동소문동 4가 75-2 브라다리빙텔 702
전화 02-922-1138 | 팩스 02-922-1146

LA NATURE (in the series Pourquoi/Comment)
World copyright © Groupe Fleurus, 2008
Korean translation copyright © 2011, KBJB Publishing Co., Ltd.

This Korean edition was published by arrangement with Groupe Fleurus through Bookmaru Korea Literary Agency.
All rights reserved.

이 책의 한국어판 저작권은 북마루코리아를 통해 Groupe Fleurus와 독점계약한 큰북작은북(주)에 있습니다.
신저작권법에 의하여 한국내에서 보호를 받는 저작물이므로 어떤 형태로도 전재나 복제를 할 수 없습니다.

ISBN 978-89-91963-85-6 (64400)   978-89-91963-80-1(세트)

지구의 자연

에밀리 보몽 기획

에마뉘엘 파루아시잉 글

베르나르 알뤼니 · 마리 크리스틴 르메이외 · 이브 르케슨 그림

과학상상 옮김

감수 **조호영** 고려대학교 지구환경과학과 교수
박희등 고려대학교 건축사회환경공학부 교수

큰북 작은북

과학 교과 과정 연계표 _ 7차 개정

차 례	단 원
지구	3학년 2학기 (3) 지구와 달 | 5학년 2학기 (7) 태양의 가족 | 중등 2학년 (5) 태양계
대륙이동설	중등 1학년 　(8) 지각변동과 판구조론
화산	5학년 2학기 (4) 화산과 암석 | 중등 1학년 (8) 지각변동과 판구조론
지진	6학년 1학기 (2) 지진 | 중등 1학년 (8) 지각변동과 판구조론
계절과 하루	3학년 1학기 (4) 날씨와 우리 생활 | 5학년 1학기 (3) 기온과 바람 | 6학년 2학기 (2) 일기예보 6학년 1학기 (3) 계절의 변화 | 중등 3학년 (4) 대기의 성질과 일기변화
바람	3학년 1학기 (4) 날씨와 우리 생활 | 5학년 1학기 (3) 기온과 바람
날씨	3학년 1학기 (4) 날씨와 우리 생활 | 6학년 2학기 (2) 일기예보
구름	3학년 1학기 (5) 날씨와 생활 | 5학년 1학기 (8) 물의 여행
천체 현상	4학년 1학기 (8) 별자리를 찾아서 | 5학년 1학기 (7) 태양의 가족 | 중등 2학년 (8) 별과 우주
유성	4학년 1학기 (8) 별자리를 찾아서 | 중등 2학년 (8) 별과 우주
밤의 우주	4학년 1학기 (8) 별자리를 찾아서 | 중등 2학년 (8) 별과 우주
바다	4학년 1학기 (7) 강과 바다 | 5학년 1학기 (8) 물의 여행 | 중등 3학년 (7) 해수의 성분과 운동
흐르는 물과 늪	3학년 1학기 (8) 흙을 나르는 물
강과 하천	4학년 1학기 (4) 모습을 바꾸는 물 | 5학년 1학기 (8) 물의 여행
호수와 연못	4학년 1학기 (4) 모습을 바꾸는 물 | 5학년 1학기 (8) 물의 여행
지하수	5학년 1학기 (8) 물의 여행
풍화	중등 1학년 　(5) 지각의 물질과 변화
천연자원	5학년 2학기 (8) 에너지
식물의 세계	3학년 2학기 (1) 식물의 잎과 줄기 | 4학년 1학기 (3) 식물의 한살이 5학년 1학기 (3) 식물의 구조와 기능 | 5학년 2학기 (4) 작은 생물의 세계
꽃	5학년 1학기 (5) 꽃
씨앗	4학년 1학기 (3) 식물의 한살이 | 5학년 2학기 (3) 열매
씨앗의 여행	4학년 1학기 (3) 식물의 한살이
과일	5학년 2학기 (3) 열매
나무	4학년 1학기 (6) 식물의 뿌리

차 례

지구

지구는 46억 년 전에 생겨났어요. 태양에서 1억 5천만 킬로미터 떨어져 있고, 태양빛이 지구에 도달하는 데는 8분이 걸려요. 금성, 화성, 수성처럼 지구도 무겁고 단단한 둥근 행성이지요. 또한 살아 있는 행성이에요. 지금도 우리 발 아래에서는 불가사의한 변화가 계속 일어나고 있어요. 지구는 달걀과 비슷해요. 얇지만 단단한 달걀의 껍질은 지구의 지각에 해당하고, 끈적끈적하고 움직이는 흰자위 부분은 바로 맨틀이에요. 지구의 중심부를 핵이라고 불러요.

지구의 중심부는 우리가 딛고 서 있는 지표면으로부터 무려 6,370km나 땅속으로 들어가야 해요. 그곳의 온도는 섭씨 6,000도 정도이지요.

지구의 무게는 6조 톤의 10억 배나 된답니다.

왜 지구는 빅뱅 직후에 생겨나지 않았을까요?

왜냐하면 그 당시 온도는 섭씨 1천억 도로 굉장히 뜨거웠기 때문이에요. 그 정도의 온도에서는 고체가 존재할 수 없어요. 빅뱅은 137억 년 전쯤 일어났어요. 빅뱅이 일어나고 수백만 년 뒤에 우주가 다시 차가워지고 작은 물질들이 최초의 은하계를 탄생시키기 위해 서로 모이기 시작했지요. 우리 은하수는 50억 년 전쯤 생겨났어요.

왜 지구는 평평하지 않을까요?

옛날 사람들은 지구가 접시처럼 평평하다고 믿었어요. 하지

지구는 태양계의 여덟 개 행성 중 하나에요. 지구는 대양으로 둘러싸여 있어요. 그렇기 때문에 우주 공간에서 지구를 바라보면 파랗게 보인답니다.

만 학자들은 다른 행성들처럼 지구도 둥그런 모양이라는 사실을 밝혀냈지요. 지구가 평평하거나 네모나지 않은 이유는 아주 간단해요. 우주는 마치 거대한 팽이 같아요. 모든 것이 엄청나게 빠른 속도로 돌고 있지요. 결과적으로 우주 공간에 떠다니는 물체들은 분리되어 있기보다는 구 모양으로 서

쉴 공기와 물이 없고 단지 뜨거운 열만 있기 때문이에요. 지구보다 태양과 가까이 있는 행성인 금성은 온도가 너무 뜨겁고, 멀리 있는 화성은 너무 추워요. 지구에는 액체 상태였던 돌들이 지표면에서 단단하게 굳은 땅이 존재해요. 반면에 목성이나 토성에는 땅이 없어요. 단지 공기와 바람만 있을 뿐이에요.

로 엉겨 붙게 된답니다.

왜 지구에서처럼 다른 행성에서는 생명체가 살지 못할까요?

지구가 아닌 다른 행성에는 숨

왜 지구는 완벽하게 둥글지 않을까요?

왜냐하면 지구는 자전을 하면서 공기와의 마찰을 견뎌야 하기 때문이에요. 그래서 지구의 극지방은 조금 납작하고 적도 부근은 조금 퍼져 있어요. 사실 지구는 달걀처럼 생겼어요.

왜 지구는 딱딱한 땅으로 되어 있을까요?

왜냐하면 태양으로부터 지구를 향해 바람이 불기 때문이에요. 그 바람은 지구뿐만 아니라 수성과 금성, 화성의 가벼운 물질들을 모두 쓸어내 버릴 만큼 아주 강력하지요. 쓸려가지 않은 것들은 무게가 무거운 돌들과 땅뿐이에요. 태양으로부터 멀리 떨어져 있는 행성들은 태양과 가까이 있는 행성들보다 훨씬 가벼워요. 지구보다 1,388배나 큰 몸집에도 불구하고 목성은 지구보다 가볍답니다.

대륙이동설

- 사람들은 오래전부터 지구가 지금과 같은 모양이었을 거라고 믿어 왔어요. 1912년에 이르러 알프레드 베게너는 6억 년 전 지구는 하나의 초대륙으로 붙어 있었다는 사실을 밝혀냈어요.

- 그 뒤로 판들은 계속 움직이면서 분리되었어요. 지금도 여전히 판들은 일 년에 몇 센티미터씩 움직이고 있어요.

- 대서양은 일 년에 2cm씩 넓어지고 있지요.

- 반면에 지중해는 일 년에 2cm씩 줄어들고 있어요. 아마 수백만 년 뒤에 지중해는 사라져 버릴 거예요.

왜 지구의 대륙이 분리되었을까요?

지각 아래 맨틀의 녹아 있는 돌들은 마치 약한 불에서 서서히 익고 있는 수프 같아요. 수프가 부글부글 끓어오를 때마다 땅속에서부터 밀어내 판이 움직이지요. 그러한 판들은 맨틀 위를 자유롭게 떠다니는 대륙과 해양을 포함해요. 판들은 마치 뗏목처럼 미끄러지듯 움직인답니다.

대륙들은 어떻게 움직일까요?

뗏목의 방향을 바꾸기 위해서는 윗부분을 밀어야 하듯이 대륙도 마찬가지예요. 대양 깊숙한 곳에는 지구의 지각을 관통할 수 있는 펄펄 끓는 용암이 있어요. 돌이 녹은 용암은 차가운 물과 닿으면 고체가 되고 조금씩 증가하면서 결국 대양의 크기만큼 커지지요. 그러면 대양을 받치고 있는 판이 대륙을 받치고 있는 판을 밀어내고 그로 인해 둘은 서로 분리된답니다.

왜 판이 나뉘었는데도 비어 있는 부분이 없을까요?

비어 있는 부분은 바다 깊숙한 곳에 있기 때문에 우리 눈으로 볼 수 없어요. 그 작은 틈새를 따라 용암이 분출하면서 꼭대기 부분에 구멍 뚫린 산이 만들어져요. 때때로 우리가 해저 산맥이라고 부르는 산맥들이 바다 위로 모습을 드러내 섬을 이루곤 하는데, 아이슬란드가 바로 그런 예랍니다.

두 개의 판이 만나면 어떤 일이 벌어질까요?

큰 싸움이 일어나지요! 두 개의 판은 서로 위쪽으로 올라가려고 해요. 대체로 해양을 받치고 있는 좀 더 무거운 판이 싸움에서 양보하여 아래로 들어가게 되지요. 하지만 두 개의 판이 모두 대륙을 받치고 있다면 둘은 끝까지 버티다가 솟아올라 결과적으로 산이 생겨난답니다. 지구상에서 가장 높은 히말라야 산맥도 이렇게 인도 판과 아시아 판의 충돌로 인해 생겨났어요.

왜 캘리포니아는 섬이 되어 갈까요?

미국의 캘리포니아에서는 두 개의 판, 즉 태평양 판과 아메리카 판이 만나요. 하나는 북쪽을 향하고, 다른 하나는 남쪽을 향해 가고 있어요. 그 둘은 절대로 서로에게 길을 양보하지 않아요. 마치 서로 부딪쳐 미끄러지다가 다른 차와 충돌을 일으키는 자동차처럼요. 그 결과 두 판 사이의 땅이 갈라지고 거대한 균열이 생겨났어요. 균열의 가장자리는 일 년에 9cm씩 멀어지고 있어요.

히말라야 산맥은 인도 판이 아시아 판과 급격하게 부딪쳤을 때 생겨났어요.

어머나!

지구의 해저산맥은 64,000km나 뻗어 있고 매년 화산이 만들어 내는 것보다 더 많은 양의 용암을 분출하고 있어요.

13

화산

- 지구에 있는 1천여 개의 화산활동은 우연히 시작된 것이 아니에요. 태평양 해안가를 따라 뻗어 있는 불의 지대에 위치한 화산들은 대부분 미국의 대륙판과 아시아의 해양판이 서로 만나면서 생겨났어요. 지중해에서 볼 수 있는 화산들은 아프리카 판이 유럽판에 부딪혀 돌출하면서 생겨났어요.

- 화산에서 나오는 용암의 온도는 섭씨 1,000도쯤이에요.

- 지구에는 일 년에 40번 정도 용암을 분출하는 활동하는 화산이 5백여 개 있어요.

- 지구에서 가장 높은 화산은 칠레에 있는 네바도스 오호스로 높이가 6,887m예요.

어떻게 화산이 생겨날까요?

화산 폭발은 지구가 마치 소화 불량에 걸려서 토하는 것과 같아요. 우리가 걷고 있는 지표면 아래에 끓고 있는 움직이는 돌인 마그마가 존재한다는 사실은 이미 알고 있어요. 때때로 대륙들의 예기치 않은 변화와 서로를 밀어내는 판들 때문에 지구는 더 이상 억제하지 못하고 마그마를 분출하지요. 그것이 지표면 밖으로 나와 용암이 되어 식고 그 위에 화산재 등이 쌓여 만들어진 것이 바로 화산이에요.

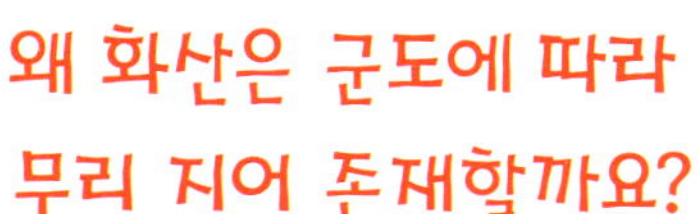

왜 화산은 군도에 따라 무리 지어 존재할까요?

화산이 대륙의 땅 위에 있는 것은 사실이에요. 움직이는 양탄자 위에 있다고 생각하면 되지요. 용암은 항상 같은 장소에서 나와요. 새로운 화산 폭발이 일어날 때마다 더 이상 활동하지 않는 화산 바로 옆에 다른 화산이 생겨난답니다. 하와이 군도에서 가장 최

근에 생겨난 마우나 로아 화산은 가장 깊은 바다 속에서 9,000m까지 솟아올랐고, 그것이 지구에서 가장 높이 돌출된 부분이에요.

왜 잠자는 화산을 조심해야 할까요?

연기 나는 화산이 가장 위험하진 않아요. 그런 화산에서 나오는 화산재가 쌓이면 오히려 농작물에 이로운 비옥한 땅이 되지요. 죽은 것으로 여겨지는 화산들은 아무런 예고도 없이 갑자기 폭발해 버려요.

그러한 화산의 용암은 분출하면서 강한 열기를 내는 구름을 만들고 지나가는 모든 자리를 태워 버리지요.

왜 분화구에 있는 호수는 위험할까요?

분화구에 있는 호수의 깊은 곳은 땅에 의해 막혀 있고, 그 아래 독성 있는 가스가 위쪽으로 올라가요. 지진이 일어나면 이 보이지 않는 독성 가스가 빠져나가 주변에 있는 생명체들을 죽이게 되지요.

어떻게 진흙이 만들어질까요?

기원후 79년, 베수비오 화산의 폭발로 인해 생긴 진흙이 폼페이를 삼켜 버렸어요. 진흙이 흘러간 자리 아래에 폼페이가 묻힌 거예요. 진흙은 화산재가 물과 함께 섞일 때 만들어져요. 그래서 비가 올 때 화산이 폭발하면 더 위험하지요. 만약 만년설로 뒤덮인 높은 지역에 있는 화산이 폭발한다면 굉장히 위험할 거예요.

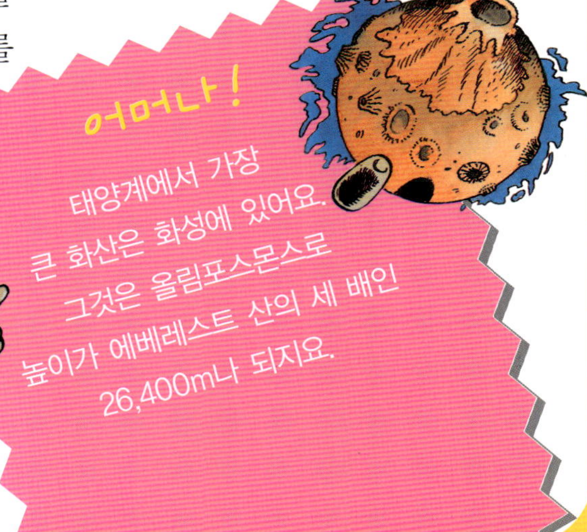

지진

화산 폭발과 마찬가지로 지진도 지구의 판들이 만나 마찰하면서 일어나요. 지난 4세기 동안 화산 폭발로 인한 피해자가 26만 명인 것에 비해 지진은 무려 250만 명의 피해자가 발생했어요. 지진이야말로 지구상에서 가장 위험한 재해라고 할 수 있어요.

지진의 진폭으로 0에서 9까지 지진의 리히터 규모를 계산할 수 있어요.

9등급이 지구에서 일어난 가장 강력한 지진이에요. 1960년 칠레에서 일어난 지진과 2004년 인도네시아에서 일어난 지진이 바로 이 등급이었답니다.

4등급이 우리가 지진을 느낄 수 있는 시작 등급이에요.

어떻게 지진이 일어날까요?

두 개의 판이 만나면 서로 부드럽게 밀어내기 시작해요. 그러다가 서로를 미는 힘이 점점 강해지면서 갑자기 깨지게 되지요. 또한 두 개의 판 가운데 하나가 더 편한 자리를 잡기 위해 위쪽이나 아래쪽으로 움직여요. 그때 형성된 단층이 지표면까지 진동을 전달하면서 모든 것을 흔들게 되지요.

왜 흔들림이 전혀 없는 상태를 걱정해야 할까요?

지층이 충돌하는 위험 지역인 지중해와 태평양 연안에는 늘 작은 지진이 일어나고 있어요. 그리스에서는 하루에 네 번 정도 일어나요. 지층이 더 이상 움직이지 않는다는 것은 두 개의 판이 한치의 양보도 없이 서로를 밀어내는 중이고, 그러다가 거대한 지진이 일어나게 된답니다.

산사태는 어떻게 일어날까요?

무더운 날씨와 자주 내리는 비가 땅을 무르게 하고 바위를 썩게 만들어요. 지진이 일어나면 산의 흙이 무너져 내려 가옥을 덮치고, 때로는 깊은 호수의 바닥이 내려앉아 마을을 삼켜 버리기도 해요.

왜 지진은 소음을 동반할까요?

지진은 기차가 빠르게 터널을 지날 때 나는 정도의 소음을 발생시켜요. 소음은 건물이 무너지면서 나는 것이 아니라, 일 초당 6.5km로 지표면을 향해 빠르게 올라오는 파동에 의한 거예요. 그런

지는 않아요. 하지만 판이 다른 판과 부딪치면 무서운 전쟁이 시작되지요. 그때 판의 파괴는 훨씬 더 깊어져서 지하 700km까지 이르고, 진동이 커질 뿐만 아니라 땅이 미친 듯이 요동치게 되는 거예요.

파동은 땅과 물, 용암, 공기까지 무엇이든 건널 수 있어요. 파동에 의해 공기가 진동하면서 무시무시한 소음이 발생해요.

왜 지진의 강도가 다를까요?

판들은 이리저리 조금씩 움직이고 있어요. 그러다가 지표면 근처에서는 작은 파괴를 가져오기도 하지요. 갑자기 일직선으로 움직이면서 진동이 커질 때에도 땅이 그리 많이 흔들리

17

하늘

- 우리가 하늘이라고 부르는 것은 지구를 둘러싸고 보호해 주는 보이지 않는 순수한 가스층을 말해요. 이 가스층이 없다면 지구의 온도는 낮에는 섭씨 85도까지 오를 수 있고, 밤에는 영하 140도까지 내려갈 수 있어요. 하늘의 공기 중에는 산소(21%)와 질소(78%), 탄산가스와 물, 미세한 먼지 등이 섞여 있어요.

- 대기층은 5억 8천만 년 전에 만들어졌어요.

- 대기층은 지표면에서 1,000km 상공에 자리잡고 있어요.

- 대기는 1m²당 5천만 개의 미세 먼지를 포함해요.

어떻게 대기층이 생길까요?

화산 덕분에 생길 수 있어요. 화산은 분출하면서 가스와 미세 먼지를 대기 중에 내뿜어요. 이 가스와 먼지 들이 천둥번개와 폭풍우를 만나고 태양 에너지에 의해 우리가 숨쉴 수 있는 대기로 변하지요. 참으로 마술 같은 일이에요!

왜 하늘은 파란색일까요?

색은 빛의 파형이에요. 태양빛은 대기 중에 떠도는 먼지들과 부딪쳐 파형이 짧아지면서 푸른빛을 띠어요. 하지만 저녁 무렵 비스듬히 뻗어 나오는 태양 광선은 더 많은 기체층을 통과하지요. 그렇게 멀리 퍼져 나가는 파형은 붉은빛을 띠어요. 그래서 해가 질 때 하늘이 붉게 보이는 거예요.

왜 대기가 없으면 지구는 사막이 될까요?

태양의 온도는 섭씨 1,500만 도에서 2,000만 도까지 올라가요. 지구는 그 열기 중 일부만 받아요. 만약 대기층이 지구를 보호해 주지 않는다면 지구의 모든 생명체는 뜨거운

왜 공기는 우주로 흩어지지 않을까요?

공기는 가스로 이루어져 있어요. 그 어느 것도 공기가 우리 눈에 보이지 않을 때까지 올라가는 것을 멈출 수 없어요. 그렇다면 무엇이 지구 주위에 공기를 붙잡아 두고 있을까요? 정답은 중력이랍니다. 그것이 바로 자연의 법칙이에요. 중력은 모든 물체가 서로 끌어당기기를 원해요. 지구는 공기를 끌어당기기도 하지만, 한편으로는 지구 주위를 도는 달도 끌어당기고 있어요. 태양은 지구뿐만 아니라 다른 모든 행성을 끌어당기지요. 만약 중력이 없다면 우주의 모든 행성은 자리를 못 잡고 떠돌아다닐 테고 어떤 생명체도 살 수 없을 거예요.

왜 대기가 없으면 지구는 밤에 굉장히 추워질까요?

지구는 빠른 속도로 데워지고 빠른 속도로 식어 버려요. 낮 동안 모은 열기는 태양이 질 때 공기 중으로 빠져나가지요. 다행히 공기 중에 있는 물방울이 그 열기를 흡수해서 다시 지구로 보내 주어요. 그것이 바로 비 오는 날 밤에 날씨가 온화한 반면 사막처럼 공기가 건조한 곳에서는 밤 기온이 굉장히 낮은 이유랍니다.

태양열에 의해 파괴되고 말 거예요. 대기층은 모든 종류의 태양 광선을 통과시키지 않아요. 먼지와 구름이 많은 양의 태양 광선을 반사해 지구에 닿기 전에 우주로 돌려보내요.

계절과 하루

지구는 쉬지 않고 계속 움직여요. 지구는 태양 주위를 365일 5시간 48분 46초에 한 번 공전하면서 계절이 변하지요. 지구는 또한 23시간 56분 4초에 한 번 자전을 하는데, 그 때문에 낮과 밤이 생긴답니다.

지구는 태양의 주위를 한 시간에 108,000km의 속도로 돌아요. 일 초에 무려 29.8km를 달리는 셈이에요.

지구는 적도 부근에서 한 시간에 1,670km의 속도로 자전하고 있어요.

왜 내가 사는 곳이 겨울이면 반대편은 여름일까요?

왜냐하면 지구가 태양을 향해 차렷자세로 똑바로 서 있지 않기 때문이에요. 지구는 약간 기울어져서 회전해요. 어떤 때에는 지구의 남쪽이, 어떤 때에는 북쪽이 태양을 향하지요. 해마다 12월 21일에 태양은 남회귀선의 맞은편에 위치하고 그 지역에서는 여름이 시작돼요. 반면에 북쪽은 햇볕이 적게 비추어 날씨가 춥고 눈이 와요. 정반대로 6월 21일에는 태양이 북회귀선의 바로 밑에 위치해 그때 북쪽 날씨는 따뜻하고 좋아요.

왜 낮의 길이가 길어졌다 짧아졌다 할까요?

낮의 길이는 태양의 위치에 따라 달라져요. 겨울에는 태양이 하늘 아래쪽에 머물러 있어요. 지구는 자전하면서 태양이 수평선 뒤로 사라지게 하지요. 그래서 낮이 짧아져요. 반대로 여름에는 태양이 우리 머리 위 높은 곳에서 빛나요. 태양은 저녁 늦게까지 비추고 아침 일찍 다시 나타나요.

왜 남쪽 지방의 여름이 북쪽 지방의 여름보다 항상 더울까요?

우리는 지구가 태양의 주위를 둥글게 돈다고 생각하지만, 사실은 그렇지 않아요. 지구는 태양 주위를 달걀 모양으로 도는데, 그 한가운데 태양이 위치하지는 않는답니다. 약간 옆

왜 극지방에서는 낮과 밤이 길까요?

극지방은 일 년에 6개월은 낮이고, 6개월은 밤이에요. 여름 동안 북극은 계속 빛을 발하는 태양을 향해 기울어져 있어요. 그렇기 때문에 밤이 올 수 없어요. 겨울 동안 남극은 태양을 향해 있기 때문에 북쪽에는 태양빛이 비칠 수 없지요.

쪽으로 치우쳐 있어요. 그래서 지구와 태양 사이의 거리는 일 년 내내 달라져요. 1월 2일은 태양이 지구와 가장 가까이 있는 날이에요. 그때 남반구는 여름이어서 날씨가 매우 더워요. 7월 5일은 지구와 태양이 가장 멀리 떨어져 있는 날이에요. 북반구에서는 이때가 여름이기 때문에 북반구의 여름은 상대적으로 덜 더워요.

극으로부터 같은 거리에 있는 점을 따라 지구 표면에 선을 그은 거예요. 그래서 적도는 일 년 내내 같은 양의 태양열을 받으며 계절이 변하지 않고, 낮과 밤의 길이도 똑같아요.

왜 적도에는 겨울이 없을까요?

적도는 지구의 남극과 북극 양

바람

- 만약 바람이 없다면 열대지방은 지금보다 더 덥고, 극지방은 더 추울 거예요. 바다에서는 끊임없이 비가 내리고, 땅은 사막처럼 말라 버릴 테지요. 바람은 지구의 열기를 배분하고 구름을 만들어 날씨를 변화시켜요. 다시 말해 바람은 대기의 호흡이라고 할 수 있어요.

- 바람은 평균적으로 한 시간에 30km의 속력으로 불어요.

- 돌풍은 한 시간에 50km의 속력으로 부는 바람을 말해요.

- 돌풍은 일 초에 24m나 옮겨 갈 수 있어요.

어떻게 바람이 생겨날까요?

바람이 생기는 것은 마치 사랑 이야기와도 같아요. 지구의 적도 지방에는 덥고 가벼운 공기가 있고, 극 지방에는 차갑고 무거운 압축된 공기가 있어요. 더운 바람과 찬 바람은 서로에게 반하지요. 그래서 둘은 서로를 만나기 위해 이동한답니다. 지구에 존재하는 바람은 대부분 적도 출신이에요. 그곳은 태양이 쉬지 않고 비치는 가장 더운 지역이지요. 거기서 시작된 바람은 작고 가볍고 미지근하고 상냥해요. 그 바람을 무역풍이라고 불러요.

왜 지구 전체에서 무역풍이 불지 않을까요?

왜냐하면 따뜻한 공기는 올라가고 찬 공기는 내려오는 곳이

북반구에만 세 군데 정도 있어 적도에서 시작하여 북풍, 남풍, 북풍의 분포를 보이는 데다가 이 바람들이 지구의 회전에 의해 동풍, 서풍, 동풍이 되기 때문이에요. 적도에서 가까운 동풍을 무역풍이라고 하지요. 비행기가 더 빨리 날 수 있고 연료를 절약하도록 도와주기 때문에 '비행기를 위한 바람'이라고도 불러요.

왜 해안가에서는 낮에 해풍이, 밤에 육풍이 불까요?

바다의 시원한 공기는 낮 동안 태양빛으로 데워진 지표면을 향해 불어요. 이 바람이 서핑을 할 때 서프보드를 해변 쪽으로 밀어 주지요. 하지만 저녁이 되면 산들바람의 방향이 바뀌어 지표면의 차가워진 공기가 미지근한 바다 쪽으로 불어요. 이

때 고기잡이 배들은 먼 바다로 떠났다가 바람의 방향이 바뀌는 다음날 아침에 돌아오지요. 이러한 현상은 따뜻한 공기를 가진 낮은 지대와 차가운 공기를 가진 산꼭대기 사이에서도 마찬가지로 일어난답니다. 그래서 소형 글라이더가 산에서 날 수 있도록 해 주는 거예요.

왜 산은 바람을 멈추게 할까요?

그렇지 않아요! 바람은 장애물을 만나면 없어지지 않고 오히려 더 불게 돼요. 바람이 산을 오르기 시작하면서 마술 같은 일이 벌어지지요. 바람은 차갑고 수분이 많은 언덕을 올라가면서 자기가 가진 비나 눈을 뿌리며 산꼭대기에

도착해요. 그런 다음 산의 반대쪽 면을 내려올 때는 건조하고 따뜻해지면서 상쾌한 바람으로 변하지요. 그것을 '푄 현상'이라고 해요. 그 현상 덕분에 알프스의 북쪽에서 스키를 타고, 지중해의 비탈면에서는 선탠을 할 수 있어요.

어떻게 돌풍이 생길까요?

빠르고 차가운 바람이 앞으로 돌진하다가 엄청난 양의 따뜻한 공기와 부딪치면 돌풍이 일어나요. 그때 차가운 공기는 마치 공처럼 튀어올라 구르게 되지요. 바람이 둥글게 돌기 시작하면 그것이 바로 돌풍이랍니다.

기후

- 지구상에는 매우 다양한 기후가 공존하고 있어요. 어떤 나라에서는 날씨가 계속 바뀌고, 어떤 나라에서는 절대로 변하지 않아요. 기후는 위도가 어디인지, 바다와 얼마나 가까운지, 또는 열과 바람, 숲이 얼마나 울창한지에 의해 결정된답니다.

- 극지방의 겨울은 섭씨 영하 50도, 여름은 0도 정도예요. 건조한 지역의 여름은 섭씨 50도, 겨울은 30도 정도 되지요. 겨울의 온도가 28도인 곳이 바로 적도랍니다.

- 극지방에서는 차갑고 무거운 공기가 땅을 향해 내려오기 때문에 구름이 생기지 못해서 하늘이 항상 파래요.

왜 사하라에는 비가 내리지 않을까요?

적도에서 부는 바람은 덥고 습해요. 이 공기가 극지방을 향해 여행하면서 자신이 가진 비를 모두 뿌리지요. 그것이 바로 열대성 기후와 정글 기후예요. 이 공기가 사하라에 도착할 무렵에는 매우 건조하고 차가워진 상태예요. 그런 공기가 지표면 가까이 내려가 구름의 형성을 막으면 비가 내릴 수 없어요. 사하라 같은 사막들은 모두 지구의 회귀선 바로 위쪽에 위치해 있어요. 미국에 있는 죽음의 계곡과 몽골의 고비 사막도 마찬가지예요.

왜 적도 지역에 '검은 항아리'라는 별명이 붙었을까요?

적도 지역의 하늘이 항상 두꺼운 검은색 구름 띠로 덮여 있

기 때문이에요. 태양에 의해 데워진 바닷물이 증발하면서 덥고 습한 공기가 올라가 구름을 만들어 매일 오후가 끝날 무렵에는 굵은 빗방울이 떨어지지요. 적도 지역의 습도는 절대 70% 아래로 떨어지지 않아요. 그래서 덥고 습한 온실처럼 적도 지역의 대기는 견디기 힘들어요.

왜 어떤 지역에서는 날씨가 매우 변덕스러울까요?

유럽과 북아메리카는 정확히 북극과 적도 사이에 위치해 있어요. 그래서 정글과 사막에서 불어오는 뜨거운 공기와 빙산에서 불어오는 차가운 공기가 부딪치게 되지요. 그 둘의 만남은 강한 비를 만들어요. 비가 내리고 나면 가볍고 더운 공기가 차가운 공기 위로 슬그머니 끼어들어요. 그러면 하늘에서는 다시 태양이 빛나고 공기는 매우 청량해지지요. 비가 온 뒤에 날씨가 맑아지는 현상이에요.

좋은 날씨와 나쁜 날씨는 어떻게 만들어질까요?

날씨가 어떻게 만들어지는지는 딱 한 가지만 알면 충분해요. 차가운 공기는 무거워서 땅을 향해 내려오고 더운 공기는 가벼워서 하늘로 올라간다는 사실이에요. 차가운 공기는 내려가기 때문에 구름이 생기지 않아요. 그래서 하늘이 파랗고 태양이 밝게 빛나지요. 반면에 더운 공기는 올라가면서 습도가 점점 높아져 구름이 생기고 비가 내려요.

열대계절풍기후를 어떻게 설명할까요?

매년 6월부터 9월 사이에 인도와 동남아시아에는 장대비가 쏟아져요. 이 세찬 비는 아주 작은 바람에서 처음 생겨나요. 바다에서 온 작은 바람은 습기가 많고 서늘해요.

이 해양 바람은 땅 위에 머무는 더운 공기에 의해 끌어당겨져요. 그리고는 인도를 통과하면서 히말라야 산맥을 만나게 되지요. 산맥을 타고 올라가면서 바람은 다시 차가워지고 거대한 비구름으로 변해요. 그것이 바로 열대계절풍기후의 시작이에요.

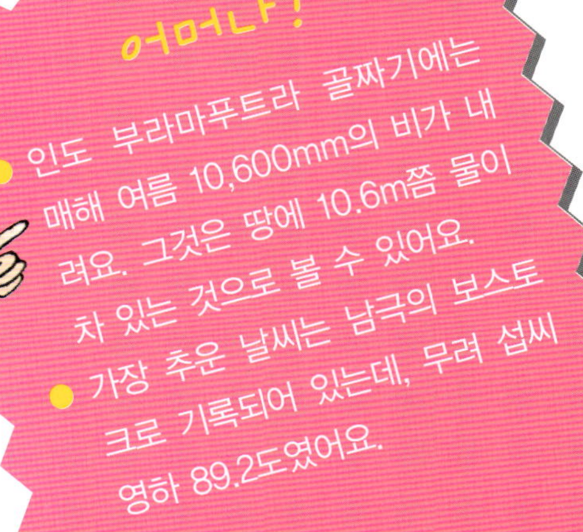

- 인도 부라마푸트라 골짜기에는 매해 여름 10,600mm의 비가 내려요. 그것은 땅에 10.6m쯤 물이 차 있는 것으로 볼 수 있어요.
- 가장 추운 날씨는 남극의 보스토크로 기록되어 있는데, 무려 섭씨 영하 89.2도였어요.

구름

- 뭉게구름에서 새털구름까지 지구상에는 수백 개의 다양한 구름이 존재해요. 구름의 형태와 움직이는 모양은 우연히 생겨난 것이 아니에요. 구름들은 높은 하늘의 공기 움직임을 우리에게 알려 주고, 날씨를 예상하는 데 도움을 주어요.

- 새털구름은 14km 상공까지 올라가고, 한 시간에 160km를 움직여요.

- 구름의 작은 물방울의 크기는 0.002~0.003mm 사이예요.

- 작은 구름 하나가 1,000톤의 수증기를 포함할 수 있어요.

- 안개는 지표면 가까이에 있는 구름을 말해요. 안개는 밤에 만들어져요.

왜 적란운은 이상하게 생겼을까요?

라틴어로 큐뮬러스(cumulus)는 쌓아올린다는 뜻이고, 님버스(nimbus)는 비를 뜻해요. 두 단어를 합한 큐뮬로님버스(cumulonimbus)는 거대한 비구름, 즉 적란운을 말해요. 적란운은 우리 머리 위 1km 상공에서 떠돌지만, 16km까지 거대한 수직 구름을 만들어 낼 수 있어요. 적란운은 또한 회오리바람을 만들어 내기도 해요. 거대한 비구름은 세찬 소나기를 내리게 하고, 비가 온 뒤에는 하늘이 맑게 개어요.

왜 새털구름을 조심해야 할까요?

새털구름은 여름에 높고 푸른 하늘을 나는 미세한 끈이라고 할 수 있어요. 이 구름들은 매

우 투명하고 가벼워서 거의 알아보지 못해요. 하지만 새털구름이 지나가고 몇 시간 뒤면 하늘이 흐려지고 폭풍우가 다가올 징조를 보이지요. 새털구름은 뜨거운 공기가 아주 작은 바람에 의해 하늘 높이 밀어 올려질 때 만들어져요.

왜 구름은 산꼭대기에 머물러 있을까요?

머물러 있는 것이 아니에요. 오히려 그 반대지요! 산꼭대기에는 골짜기에서 불어오는 공기의 흐름이 있어요. 이 공기가 산꼭대기를 지날 때 매우 차가워지면서 응축되고 구름을 만들어요. 그런 다음 다시 산을 내려오면서 공기가 데워지지요. 그러면 구름은 사라진답니다.

하지만 산꼭대기에는 공기가 골짜기에서 계속 불어와 구름이 만들어져요. 그것을 같은 구름이라고 착각하는 거예요. 사실 수천 개의 구름이 계속해서 빠르게 만들어진답니다.

어떻게 구름이 만들어질까요?

날씨가 더울 때는 강물과 바닷물이 증발해 수증기의 형태로 공기 중으로 올라가요. 수증기는 매우 가벼워서 공기에 흡수되어 올라갈 수 있지요. 하늘 높은 곳에서 더운 공기가 차가운 공기를 만나 둘이 부딪치면 수증기는 다시 차가워져서 액체의 상태로 돌아가요. 수증기는 공기 중에 매여 있는 무수히 많은 작은 물방울로 액화된답니다. 그것이 바로 구름이에요.

왜 안개구름은 환영받지 못할까요?

안개구름은 과자처럼 평평해요. 이 구름은 찬 공기가 더운 공기와 만나 다투는 대신 아래쪽으로 부드럽게 미끄러져 내려올 때 만들어지지요. 그래서 폭풍우도 천둥 번개도 없어요. 하지만 몇 시간 혹은 온종일 구름에 덮여 있거나 이슬비가 내려 기분이 축 처진답니다.

악천후

어떻게 비가 구름 안에서 형성될까요?

먼지들과 하늘을 떠다니는 흙, 모래, 재, 소금 같은 작은 물질들 덕분이에요. 물방울이 만들어지려면 공기 중의 수증기가 무언가에 고정되어야 하기 때문이지요. 미세한 먼지들이 없다면 비도 없어요! 그래서 시골보다 먼지가 많은 도시에서 비가 더 많이 내리는 거예요.

어떻게 비가 내릴까요?

눈 알갱이는 너무 가벼워서 공기 중에 떠다녀요. 혼자서는 절대로 떨어져 내려올 수 없지요. 눈 속에는 공처럼 굴러다니는 얼음 결정체가 있어요.

이 결정체는 작은 물방울들을 모아서 점점 커지지요. 서로 손을 꼭 붙잡고 엉겨 있는 결정체들은 더 이상 물방울을 포함할 수 없으면 땅으로 떨어져요. 땅 가까이 내려오면 온도가 높기 때문에 얼음 결정체는 녹아서 비가 되어 내리지요.

을 흡수해서 점점 커져요. 일정한 높이에 도달하면 얼음 결정체는 너무 무거워져서 녹을 사이도 없이 포탄처럼 땅으로 떨어지지요.

왜 이슬은 밤에 생길까요?

밤의 비라고 불리는 이슬은 온도가 낮고 바람과 구름이 없는 밤에 생겨요. 공기 중의 미지근한 수증기는 식물이나 차가운 표면에 닿으면

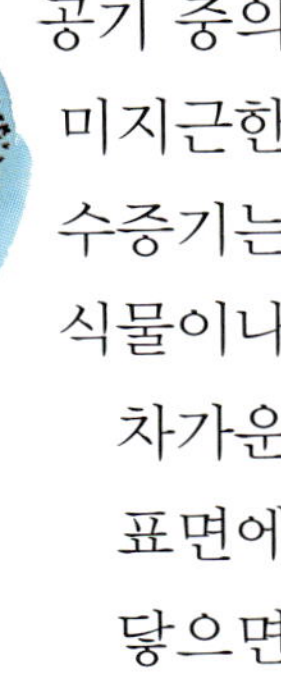

물방울로 변하지요. 무더운 여름날 유리잔에 서리는 김도 이런 방법으로 만들어지는 거예요.

어떻게 눈이 만들어질까요?

눈이 만들어지는 과정은 매우 간단해요! 비가 너무 빨리 내려 녹을 시간이 없으면 눈이 내리지요. 그래서 봄에도 가끔 눈이 내리는 거예요. 눈은 두 종류가 있어요. 하나는 가루 같은 눈으로, 스키 탈 때 이용하는 건조한 눈이 바로 이것이에요. 다른 하나는 푹신한 눈으로, 떨어지면서 덩어리로 응결되어 몽글몽글한 눈 뭉치가 되지요.

어떻게 우박이 여름에도 내릴까요?

우박은 적란운에서 만들어져요. 뇌우를 포함한 이 구름은 아주 높은 하늘에서 소멸하지요. 강한 바람에 의해 밀어 올려진 얼음 결정체는 점점 높이 올라가 구름 꼭대기에 이르고 지나는 길에 있는 모든 물방울

뇌우

- 뇌우는 태양에 의해 데워진 공기가 대기 중의 찬 공기에 막혀 땅 가까이에서 떠돌 때 생겨요. 더운 공기는 올라가려고 하고 찬 공기는 내려가려고 하지요. 그런 성질 때문에 커다란 싸움이 일어나 갑자기 번개가 치고 천둥이 울리며 비가 내리지요.

- 번개는 최대 1억 볼트의 전기를 방출해요.

- 번개에 의해 가열된 공기는 섭씨 30,000도나 되지요.

- 번개는 초속 100,000km의 속도로 움직여요.

어떻게 번개가 생겨날까요?

번개는 구름과 대기 사이에 전기가 흐르는 현상을 말해요. 뇌운(번개와 천둥, 뇌우를 몰고 오는 구름)의 상단부에는 양전하를 가진 얼음 방울이 있고, 하단부에는 음전하의 물방울이 있어요. 구름 하단부에 음전하의 물방울이 점점 많아지면, 지구의 양전하가 구름 아래로 모이게 되지요. 짧은 거리를 사이에 두고 구름의 음전하와 지면의 양전하가 대치하면 강한 전위차가 발생하고, 그 전위차를 해소하기 위해 번개가 치는 것이랍니다!

왜 번개는 꼬인 모양일까요?

공기는 전기를 잘 전달하지 않고 대항하려고 해요. 하지만 번개는 내려오는 도중에 미세

한 전기도 잃어버리지 않고 계속 전달하려고 하지요. 그 때문에 공기의 저항을 피해 전류가 더 잘 흐르는 길을 찾다 보니 곧은 직선이 아니라 지그재그 모양이 된 거예요.

어떻게 천둥이 칠까요?

번개로 인해 가열된 공기는 팽창해서 번개와 접촉하지 않은 차가운 공기를 밀어내요. 또 차가운 공기는 압축되어 주변에 있는 공기를 계속 밀어내지요. 공기 중에 퍼져 있는 열기 때문에 마치 아코디언처럼

을 만들고, 그다음 바로 그 위의 공기가 두 번째 공기 흐름을…… 마지막으로 구름 가까이 있는 공기의 흐름이 만들어지지요. 그렇게 순차적으로 계속 공기의 흐름이 전달되기 때문에 마치 구르는 듯한 소리가 들리는 거예요.

왜 벼락은 자주 나무를 파괴할까요?

지구상에 존재하는 전기는 구름이 있는 곳까지 도달하려고 땅에 있는 모든 장애물을 타고 올라가요. 도시에서는 건물들이 바로 장애물이고, 시골에서는 나무들이 장애물이에요. 전기는 물을 잘 통과하는 성질이 있어요. 벼락이 나무를 덮치면 수액을

통과하면서 끓게 하고 결국에는 껍질을 폭파시켜요. 그래서 벼락 맞은 나무는 줄기만이 아니라 뿌리까지 금이 가 있어요.

어떻게 마른번개가 만들어질까요?

무더운 여름날 밤, 조용히 하늘에 무늬를 새기는 마른번개는 땅으로 떨어지지 않아요. 마른번개는 전위차가 다른 구름들 간에 치는 거예요.

찬 공기가 눌렸다 펴졌다 하지요. 그런 충격으로 인해 천둥이 치는 것이랍니다.

왜 천둥은 구를까요?

번개가 땅에서 구름까지 옮겨 가는 데에는 일 초의 시간이 걸려요. 그러니까 번개 주변의 공기도 시차를 두고 데워지지요. 먼저 땅에서 가까운 공기가 데워져 첫 번째 공기 흐름

폭풍우

- 우리는 폭풍우를 동반하는 열대 저기압을 '태풍'이라고 말해요. 열대저기압은 발생하는 지역에 따라 '사이클론' 또는 '허리케인'이라고 불리지요. 그들이 지닌 엄청난 바람과 어마어마한 양의 비는 단순한 폭풍우가 아니에요.

- 태풍은 평균 직경이 600km나 된답니다.

- 태풍의 바람은 평균 한 시간에 180km 속도로 불어요.

- 태풍의 눈은 직경이 평균 40km 예요. 그곳은 태풍의 중심부로 바람 한 점 없이 맑게 개어 있어요.

어떻게 태풍이 생겨날까요?

태풍이 만들어지기 위해서는 두 가지 재료가 필요해요. 바로 열과 물이에요. 해수면의 온도가 섭씨 27도로 올라가면 많은 양의 바닷물이 증발해요. 그 공기는 따뜻하고 수분을 많이 포함해요. 그래서 굉장히 빠른 속도로 하늘로 올라가면서 자기가 가진 열을 증발시켜요. 그러다가 다시 갑자기 차가워지면서 거대한 구름으로 응축되지요. 태풍이 만들어지기 위해서는 수증기에 대해 알아야 해요. 수증기는 액화될 때 열을 빼앗겨요. 그러므로 구름이 많을수록, 또한 날씨가 더울수록 바닷물은 더 많이 증발하고 그 때문에 더 많은 구름이 생기지요. 태풍은 마치 바닷가의 수증기를 점점 더 빨리 빨아들이는 펌프 같아요.

어떻게 태풍이 사라질까요?

태풍이 땅에 도착할 때는 더 이상 증발할 수증기를 가지고 있지 않아요. 차가운 지표면과 접촉하면서 구름이 내려오고 공기는 다시 차가워지면서 무거워지지요. 그러면 구름은

인 비구름을 만나기도 해요. 그러면 태풍은 비구름을 집어 삼키고 거기서 얻은 수분으로 다시 힘을 얻게 되지요. 그래서 여름이 끝날 무렵 열대지방에서 출발한 사이클론이 미국 대륙을 통과해 소멸되어 가다가 비구름을 만나면 새롭게 힘을 얻어 유럽으로 건너가 긴 시간 동안 비를 뿌린답니다.

태풍은 어떻게 움직일까요?

태풍은 한곳에 머물지 않아요. 적도 부근에서는 무역풍의 영향으로 서쪽으로 이동하다가 중위도에 접근함에 따라 주위의 거대한 공기 덩어리들의 영향을 받아 계속 서쪽으로 가거나 동쪽으로 방향을 바꾸기도 하지요. 대서양의

사이클론은 앤틸리스 제도를 향하고, 태평양의 태풍은 아시아의 해안 쪽으로 한 시간에 30km 정도인 그리 빠르지 않은 속도로 이동해요!

왜 태풍은 회전할까요?

수증기를 많이 포함한 더운 공기는 올라가면서 바람을 만들어요. 하지만 수직으로 올라가지 않고 지구가 움직이는 방향으로 휘어서 올라가지요. 지구가 서쪽에서 동쪽으로 돌기 때문에 바람도 서쪽에서 동쪽으로 돌아요. 사이클론에 포함된 공기가 빨리 올라갈수록 점점 더 어지러운 소용돌이가 만들어진답니다.

자신이 가진 비를 뿌리며 사라져요. 또 어떤 태풍은 해안에 닿기도 전에 소멸해요. 그것이 바로 차가운 바다를 넘어 날아가는 태풍이에요.

왜 태풍은 때때로 되살아날까요?

지표면 위에서 태풍은 일반적

토네이도

- 토네이도도 태풍과 마찬가지로 하늘을 향해 격렬하게 회전하는 거대한 공기 소용돌이를 만들어요. 토네이도는 태풍보다 작고 지속 시간도 짧지만, 땅과 접촉하는 순간 대기에서 일어나는 자연 현상 가운데 가장 위험한 상태로 변하지요.

- 토네이도의 직경은 50~500m로 다양해요.

- 토네이도는 평균 20~30분 정도 지속된답니다.

어떻게 토네이도가 생길까요?

토네이도가 발생하는 원인은 북쪽에서 오는 차고 건조한 공기와 충돌하는 열대성 기단과 관련이 있어요. 지구의 회전에 영향을 받는 태풍처럼 토네이도도 하늘로 올라가면서 회전하는 바람의 움직임 때문에 마치 빙글빙글 돌아가는 깔때기 모양이 만들어져요.

왜 미국에서만 토네이도가 일어날까요?

유럽의 산은 서쪽과 동쪽에 있는데, 미국에는 북쪽에서 남쪽으로 배열되어 있어요. 그래서 앤틸리스 제도에서 불어온 따뜻한 바람은 자유롭게 올라가고, 동시에 태평양에서 불어오는 찬 공기를 품은 바람도 서쪽으로 로셰우스 산을 넘기 위해 올라가지요. 이 차가운 바람이 바닥의 따뜻한 공기를 빨아들여 토네이도를 만들어요.

어떻게 토네이도가 건물들을 파괴할까요?

토네이도는 바닥에만 머물러 있지 않아요. 깔때기 모양을 한 토네이도의 끝부분은 더운 공기가 집중되어 있는 곳에서는 몇 미터씩 위로 올라가 불어요. 그래서 토네이도가 건물을 스치고 지나갈 때 건물 전체를 무너뜨리지 않고 위쪽 부분만 파괴하곤 해요.

심부가 있어요. 토네이도가 어떤 건물 위를 지날 때 '낮은 기압의 중심부'라고 부르는 토네이도의 중심부에 놓이게 되면 바깥쪽의 공기보다 더 무겁고 밀도가 높은 건물 안의 공기가 벽을 뚫고 밖으로 나오면서 폭발하는 거예요.

왜 토네이도는 많은 생명을 앗아가고 큰 피해를 입힐까요?

어떤 것도 토네이도의 위력에 대항할 수 없어요. 하늘을 향해 소용돌이치며 올라가는 공기의 흐름은 사람과 동물 들을 들어올려 멀리 던져 버리지요. 무거운 기관차와 트럭조차 마치 지푸라기처럼 맥을 못 추고 쓸려 나간답니다.

왜 토네이도의 공격을 받은 건물들은 폭발할까요?

태풍의 중심부처럼 토네이도도 작지만 바람이 멈추고 공기가 매우 가벼워지는 고요한 중

왜 토네이도를 예측할 수 없을까요?

우리는 폭풍우를 정확하게 예측할 수 있어요. 매우 거대한 구름이 생기기 때문이에요. 하지만 토네이도는 단 몇 분 만에 생성되기 때문에 예측하기 힘들어요. 토네이도는 소용돌이 모양으로 폭이 매우 좁아서 때로는 거리까지 파고들어가 인도를 파괴하기도 해요. 엄청나게 빠른 속도로 생겨난 만큼 빠르게 사라진답니다.

불가사의한 현상들

- 무지개와 무리(햇무리, 달무리), 북극의 오로라, 공 모양의 불덩이처럼 하늘은 종종 신비하고 불안정한 섬광들로 치장해요. 그런 현상들을 과학적으로 이해하지 못한 옛날 사람들은 무서운 재앙이 다가올 거라고 두려워했지요. 오늘날 과학자들은 태양빛에 의해 나타나는 다양한 현상이라고 설명해요.

- 후광은 원형으로 생긴 무지개를 말해요.

- 공 모양의 불은 그리 크지 않은 10~30cm 정도예요.

- 극지방의 오로라는 100km의 높은 대기 중에서 나타나는 현상이에요.

어떻게 무지개가 생겨날까요?

무지개는 태양 광선이 물방울과 부딪히면 나타나요. 빛은 색이 합쳐진 거예요.
공기는 빛에 대해 장애물 역할을 하지 않기 때문에 태양빛은 우리에게 곧장 비쳐지고, 그래서 일반적으로 흰색으로 보이지요. 무지개의 모든 색을 합하면 흰색이 되니까요. 하지만 물은 태양빛에 대해 장애물로 작용해요. 태양 광선은 대기 중에 떠 있는 물방울을 맞고 튕겨 나가기 때문에 무지개의 색은 따로따로 반사되어 각각 다른 색을 띠는 거예요.

왜 무지개는 특히 저녁에 나타날까요?

태양 광선이 물방울과 부딪쳐 무지개가 만들어지려면 태양이 지평선 아래쪽에 위치해 있어야 하기 때문이에요. 태양이 하늘 높이 떠 있으면 태양 광선은 아래쪽으로 튕겨 나가지 않고 물방울 사이로 슬며시 끼어들어 우리에게 곧장 비추지요. 겨울에는 태양이 계속 아래쪽에 머물러 있어서 무지개가 온종일 나타날 수도 있어요.

왜 어떤 무지개는 아름답고 어떤 것은 그렇지 않을까요?

구름 속의 물방울 크기가 클수록 무지개의 색은 진해져요. 물방울이 작을 때에는 무지개의 색이 연하고 서로 조금씩 섞여 보이지요.

왜 태양과 달은 때때로 무리에 싸여 있을까요?

무리는 태양이나 달 둘레에 생기는 빛의 둥근 테를 말해요. 태양빛이나 달빛이 얼음 결정으로 이루어진 구름을 통과하면서 굴절되거나 반사되어 나타나는 현상이에요. 주로 겨울 아침에 생기는데, 이 현상이 나타나면 날씨가 좋지 않을 거

공 모양의 불덩이는 어떻게 생길까요?

사실 그것이 어떻게 생겨나는지 아직 잘 몰라요. 뇌우에 의해 만들어지는 공 모양의 불덩이는 '플라즈마' 로 구성되어 있어요. 플라즈마는 고체도 액체도 기체도 아닌 매우 이상한 물질이에요. 그것은 천천히 이동하면서 벽을 넘어 전깃줄을 따라가지요. 그리고는 거품처럼 터져 버리지만, 위험하지는 않아요.

라고 예측할 수 있어요.

중세시대의 사람들은 오로라가 불운을 가져온다고 생각했어요.

도착하면서 극지방을 향해 빨려 들어가요. 이 빛 커튼들은 땅의 먼지들과 부딪쳐 저항하면서 극지방을 향해 가고 그때 전기를 발생시켜요.

극지방의 오로라는 어떻게 생길까요?

남반구와 북반구의 고위도에서 나타나는 상층 대기의 발광 현상이에요. 초록, 하양, 빨강의 빛 커튼이 극지방의 하늘을 떠다니지요. 이러한 빛 커튼은 태양의 입자들로, 지구 가까이

하늘의 불, 유성

- 옛날 사람들에게 일식과 월식은 두려움의 대상이었어요. 오늘날에는 그보다 거대한 운석과의 충돌이 지구에 엄청난 재앙을 가져올 수 있다고 생각하지요.

- 지구에는 일 년에 200,000개의 운석이 떨어져요. 그 조각들의 무게만도 10,000톤에 달하지요. 그런 운석과의 충돌로 인해 만들어진 거대한 웅덩이가 전 세계에서 139개나 발견되었어요.

- 1990년 10월 1일, 10,000톤에 달하는 거대한 운석이 태평양에 떨어졌어요. 그것이 만약 사람들이 사는 지역에 떨어졌다면 어떤 일이 벌어졌을까요?

왜 지구로 운석이 떨어질까요?

운석은 소행성의 조각이에요. 소행성들은 지구와 멀리 떨어진 화성과 목성 사이에서 태양 주위를 돌고 있어요. 몇몇 소행성은 중심을 벗어나 태양을 향해 돌진하기도 하지요. 그런 소행성들이 돌진하는 도중에 여러 곳에 부딪히고, 그때 떨어져 나온 조각들이 지구로 날아오는 거예요.

어떻게 시베리아의 신비한 현상을 설명할 수 있을까요?

1908년 6월 30일, 쾅 하는 엄청난 굉음이 시베리아 사방 800km까지 울렸어요. 순식간에 3,000km^{2}나 되는 숲이 파괴되었지요. 땅에 닿기 직전에 운석이 폭발한 건지, 혜성의 중심부가 터진 건지 한마디로 정확히 설명할 수는 없어요.

어떻게 일식과 월식이 나타날까요?

일식은 달이 지구 앞으로 와서 태양을 가릴 때 일어나는 현상이에요. 마치 영화관에서 키큰 어른이 바로 앞에 앉아 화면이 잘 보이지 않는 것과 같아요. 반면에 월식은 지구가 달 앞에 위치해 달이 지구의 그림자에 가려져 나타나는 현상이에요. 지구와 달이 앞서거니 뒤서거니 하는 셈이에요.

어떻게 공룡이 사라지게 되었을까요?

공룡은 6,500만 년 전에 지구에서 사라졌어요. 참으로 이상한 일이지요! 학자들은 이 시기에 거대한 운석이 지구와 충돌해 수년간 검은 먼지가 태양을 가리고 기온이 내려가 공룡이 사라졌다고 짐작하고 있어요. 추위 때문에 지구가 얼어붙어 식물이 죽고 생명이 살 수 있는 지구 공간의 75%가 파괴되었다는 거예요. 그때 우리가 그곳에 살지 않은 게 얼마나 다행인지 몰라요!

왜 가끔 지구에 실처럼 늘어지는 유성우가 내릴까요?

먼 곳에 위치하는 혜성이 때때로 지구를 향해 떨어져요. 혜성의 중심부는 떨어지면서 더 단단해지고 수백만 킬로미터의 먼지 흔적을 남기지요. 그것이 바로 혜성의 꼬리예요. 이러한 먼지의 일부는 대기를 뚫고 들어가 끈적거리는 유성우(별똥비)를 뿌린답니다. 그 별의 비는 정말 아름다워요!

왜 애리조나에는 거대한 웅덩이가 있을까요?

24,000년 전, 운석 하나가 시간당 54,000km의 속도로 미국의 애리조나 지역에 떨어졌어요. 운석의 반경은 12m 정도였지만, 200m 깊이에, 반경이 1,200m나 되는 거대한 웅덩이를 만들어 놓았지요. 그것이 바로 운석충돌구예요. 그만한 크기의 구멍을 뚫으려면 10억 톤의 다이너마이트를 터뜨려야 해요!

밤하늘

태양이 지고 밤이 깊어지면 새로운 세계가 열려요. 어둠 덕분에 캄캄한 밤이 우리를 찾아올 수 있지요. 밤이 되면, 달과 지구의 위성을 볼 수 있어요. 태양과는 다른 은하계의 별들이 반짝거려요.

달은 지구로부터 384,400km 정도 떨어져 있어요. 달은 지구의 주위를 27일 8시간 동안 한 바퀴 돌아요(달의 공전) . 그러면서 동시에 스스로 한 바퀴를 돌지요(달의 자전). 달에서 가져온 가장 오래된 돌은 지구의 나이와 똑같은 46억 년이나 되었답니다.

어떻게 실처럼 늘어지는 별에 관해 설명할까요?

그런 별들은 지구 쪽으로 돌진하는 손톱 부스러기처럼 작은 운석의 입자들이에요. 대기층으로 들어오면서 몇 초 만에 분해되어 버리고 뒤로 불똥 자국을 남기지요.

왜 달은 때때로 회색빛을 띨까요?

어느 날 밤 하늘을 보면, 초승달 모양인데도 달의 나머지 부분이 희미하게 회색으로 빛나는 것처럼 느껴질 때가 있어요. 그러한 현상을 지구의 반사광이라고 하지요. 그것은 달에 부딪혀 튕겨 나온 태양빛이 지구에 의해 반사된 것이랍니다.

왜 달은 빛날까요?

달은 빛나지 않아요. 태양빛을 반사해 빛나는 것처럼 보일 뿐이에요. 그러니까 태양빛의 도둑이라고 할까요?

왜 어떤 날 밤에는 달이 더 뚱뚱해 보일까요?

달이 많이 먹어서 뚱뚱해진 건 아니에요. 만약 어느 날 달이 더 뚱뚱해 보인다면 그것은 지구와 가까이 있다는 뜻이랍니다. 사실 달은 지구 주위를 둥글게 돌지 않고 달걀 모양으로 돌기 때문에 지구와 달 사이의 거리는 계속 변화해요. 달과 지구의 거리가 가장 가까울 때는 360,000km로, 그때 달이 뚱뚱해 보여요. 반면에 달과 지구의 거리가 가장 멀 때는 406,000km로, 달이 아주 호리호리하게 보인답니다.

행성들이에요. '목동별' 이라고 부르는 금성이 이런 종류에 속해요. 또 다른 종류의 별들은 태양처럼 빛을 내는데, 행성은 아니랍니다. 그런 별들은 타면서 스스로 빛을 내지요. 푸른빛을 내는 별들은 에너지를 충분히 가진 젊은 별이고, 노란빛이거나 붉은빛의 별들은 더 이상 태울 것이 없는 늙은 별들이에요.

보이는 것은 그토록 수많은 별빛이 우리에게 도달하기 전에 갈 길을 잃어버린 것이라고 생각할 수 있어요.

왜 밤하늘은 검은색일까요?

그것은 절대 바보 같은 질문이 아니에요! 무한한 우주에는 셀 수 없이 많은 별들이 있어요. 그 별들의 빛이 더해지면 밤은 낮보다 오히려 더 빛날 수 있지요. 그런데 밤하늘이 검게

왜 별들은 빛날까요?

별에는 두 종류가 있어요. 하나는 달처럼 태양빛을 반사하는 데 만족하는

바다

지구는 물의 행성이에요. 태양계의 다른 어떤 행성에서도 표면에 물이 흐른 흔적을 찾아볼 수 없어요. 오직 화성에서만 두꺼운 얼음층이 발견되었지요. 바다는 지구의 날씨를 조절하면서 우리가 살 수 있게 하고 동·식물도 잘 자라게 해 주어요.

- 지구의 71%는 바다로 되어 있어요.

- 바다의 평균 수심은 3,800m 정도예요. 가장 깊은 바다의 수심은 11,034m쯤 되고, 태평양에 있어요.

- 태평양의 넓이는 1억 8천만km² 이고, 대서양은 1억 6백만km² 정도예요.

어떻게 물이 지구로 내려올까요?

물은 지각이 냉각되고 고체화되기 시작하면서 생겨났어요. 지각 밑의 온도는 마치 끓는 냄비처럼 올라가고 암석은 수증기를 발생시키면서 녹게 되었지요. 대기 중으로 올라간 수증기가 공기와 만나 물이 되어 땅으로 내려오는 것이 바로 비예요.

왜 바닷물은 짤까요?

일반적으로 바닷물은 1리터당 35g의 소금을 함유하고 있어요. 소금은 지각의 암석에서 나온 무기물이에요. 비가 내리면 빗물이 산의 언덕을 내려가면서 작은 조약돌을 바다까지 끌고 가지요. 물속 깊은 곳에서 조약돌들은 더 잘게 부서져요. 태양열에 의해 바닷물은

증발하지만, 물속의 무기물들은 무겁기 때문에 증발하지 않고 축적된답니다.

왜 다른 바다보다 더 짠 바닷물이 있을까요?

홍해의 물은 매우 짜요. 1리터당 44g의 소금을 함유하고 있기 때문이에요. 한편 발트 해의 물은 꾕장히 순한데, 1리터당 20g의 소금을 함유하고, 어떤 만은 1리터당 4g의 소금만 들어 있어요. 발트 해의 물은 매우 차가워서 증발하기 어려워요. 그리고 유럽의 큰 강

부속해와 대양은 어떻게 다를까요?

부속해는 육지와 섬과 반도로 둘러싸여 커다란 호수와 비슷하다는 점에서 대양과 구분할 수 있어요. 예를 들어 대서양의 부속해인 지중해는 아프리카와 아시아, 유럽 대륙에 둘러싸여 있고, 서쪽은 지브롤터 해협으로 대서양과 통해요. 즉 부속해는 대양의 일부로, 대양에 비해 바닷물의 깊이가 얕아요. 우리나라의 동해도 부속해에 속해요.

들이 이곳으로 흘러들어와 짜지 않은 순한 물을 계속 공급하지요. 그래서 발트 해의 물은 짤 수가 없어요. 반면에 홍해는 사막의 가장자리에 위치해 있어 강물이 적게 흘러들고, 날씨가 매우 더워서 물이 잘 증발하고 소금이 쉽게 축적된답니다.

어떻게 파도가 생길까요?

파도는 바람 덕분에 만들어져요. 하지만 그 과정은 우리가 생각하는 것보다 훨씬 복잡하답니다.

처음에 파도는 해안에서 1천여 킬로미터쯤 떨어진, 해수면이 높은 바다의 넘실거리는 물결부터 시작해요. 그런 다음 넘실거리는 물결이 파도를 지평 부근으로 밀어내지요. 이 물결이 없으면 파도는 절대 해안까지 도달할 수 없어요. 육지로 다가오면서 파도의 구불거림은 해안의 언덕에 의해 움직임에 제약을 받아요.

파도 표면의 물은 바다 깊은 곳에 있는 물보다 속도가 더 빨라요. 그러므로 파도는 균형을 잃은 채 움직이다가 해변으로 밀리면서 부서지는 모양이 되지요.

물의 흐름과 조수

- 물의 흐름은 바다의 물과 대양의 물을 섞는 거대한 강물 같아요. 13억km³나 되지요. 어떤 물의 흐름은 너무 느려서 거의 움직이지 않는 것 같아요. 멕시코 만류는 어마어마한 양의 물을 옮겨요. 그 흐름에 따라 이동하는 물이 지구를 도는 데에는 600~800년 정도 걸린답니다.

- 조수는 힘이 약해서 평균 1m 정도밖에 물을 옮기지 못해요.

- 바다와 대양의 물은 한자리에 머물러 있는 물이 아니에요. 우리 눈으로 잘 볼 수는 없지만, 계속해서 여행하는 물이랍니다.

왜 조수가 있을까요?

왜냐하면 달이 물을 잡아당기기 때문이에요. 사실 달은 물만 끌어당기는 것이 아니라 지구에 존재하는 모든 것을 끌어당겨요. 하지만 우리 눈으로 직접 볼 수 있는 현상은 오직 물뿐이지요. 달을 잡아당기기 위해 바다가 스스로 커지는 현상이 바로 밀물이고, 균형을 맞추기 위해 다시 수축하는 현상이 썰물이에요.

왜 보름달일 때 조차가 더 클까요?

달만 지구의 물을 잡아당기는 것이 아니에요. 태양도 물을 끌어당겨요. 태양과 달은 대부분의 시간을 하늘의 다른 곳에 위치해 있어요. 이 둘은 바다에 상반되는 명령을 내리지요. 태양은 '나를 향해 동쪽으로 오라' 하고, 달은 '나를 향해 북쪽으로 오라'고 해요. 그러면 바다는 모든 방향으로 출발해서 만조와 간조 때의 해수면 높이의 차인 조차가 작아지지요. 하지만 보름달일 때에는 태양과 달이 정면으로 마주보고 있기 때문에 그 둘의 힘까지 더해져서 조차가 커지는 거예요. 이 시기를 사리라고 해요.

왜 지중해에는 조차가 거의 없을까요?

지중해는 매우 작은 바다이기 때문이에요. 조차가 크려면 굉장히 많은 양의 물이 필요해요. 반면에 대서양의 해안은 매우 넓어서 때로 수백 킬로미터나 조차가 펼쳐지지요. 마치 프랑스 북서쪽의 몽생미셸처럼 말이에요. 호수에도 조수가 있지만, 너무 작아서 우리가 알아채기는 어려워요.

왜 요즘 '엘니뇨'라는 말을 자주 할까요?

엘니뇨는 남극에서부터 남아메리카 해안을 따라 거슬러 올라가는 물의 흐름을 말해요. 크리스마스 때쯤 남아메리카에 도착하기 때문에 '아기 예수(엘니뇨)'라고 부르지요. 물고기들에게 많은 영양분을 많은 공급해 주는 차가운 물의 흐름이에요. 하지만 4~5년마다 물이 데워지면서 전 세계적으로 폭풍우를 일으킨답니다. 그 때문에 물고기들이 죽고, 고기잡이가 어려워지지요. 크리스마스에 좋지 않은 선물을 받는 셈이에요!

썰물 때 바닷물이 점차 빠지면서 배들이 바닷가 모래사장에 놓여 있어요.

락하는 것에 만족하지 않아요. 물은 따뜻한 곳에서 차가운 곳으로, 남쪽에서 북쪽으로 여행하지요.

어떻게 물의 흐름이 만들어질까요?

당연히 물은 흐를 수 있기 때문이에요! 표면의 차가운 물은 소금이 많아 무거워서 아래로 흘러요. 하지만 물은 엘리베이터처럼 위아래로 오르락내리

천재지변

바다의 회오리 물기둥은 어떻게 생길까요?

회오리 물기둥은 마치 진공관 같아요. 회오리바람이 거대한 구름에서 내려와 바다와 만나면 바닷물을 높은 곳으로 빨아올리지요. 회오리 물기둥이 형성되려면 물은 매우 따뜻하고 공기는 선선해야 해요. 그 조건만 갖춰지면 회오리 물기둥은 어디서나 생길 수 있어요.

왜 회오리 물기둥을 바다의 괴물이라고 할까요?

물이 공기 중으로 들려 올라갈 때 휘파람 소리 또는 윙윙거리는 낮은 소리를 내기 때문이에요. 영국의 스코틀랜드에 있는 네스 호는 회오리 물기둥이 자주 발생하는 호수예요. 그래서 네스 호에서 괴물을 보았다는 이야기가 종종 나오나 봐요!

어떻게 회오리 물기둥의 피해를 없앨까요?

몇몇 무모한 사람들은 물기둥의 밑부분을 잡아당기거나 미리 위험을 알려 물기둥으로 인한 피해를 막을 수 있다고 말해요. 하지만 어떤 것도 확실한 방법은 아니에요!

어떻게 해안가에 높은 파도가 생길까요?

바닷가로 밀려드는 높은 파도는 바다에서 올라오는 물의 흐름의 벽이라고 할 수 있어요. 그것은 밀물의 깔때기 모양을 한 물 흐름의 입구 쪽에 부는 바람과 함께 생겨나지요. 영국

- 폭풍우가 일 때 바다는 매우 위험해요. 바람과 비, 강한 열기로 인해 때때로 놀랍고도 예상할 수 없는 일들이 일어나지요. 예를 들어 회오리 물기둥과 해일처럼 말이에요.

- 바다의 토네이도인 워터스파우트는 회오리 물기둥을 만들어요. 이 물기둥은 시속 30~60km로 움직여요.

- 해일이 오면 바람은 한 시간에 240~270km의 속도로 불어요.

- 지진해일(쓰나미)은 바다 밑에서의 지진과 화산 폭발에 의해 발생해요. 파도는 해안을 넘어 30m나 되는 높이의 벽을 형성하며, 대략 한 시간에 800km의 속도로 퍼져 나가지요.

는 징조이기 때문이에요. 처음에는 모든 것이 고요해요. 그러다가 아주 작은 진동을 느낄 수 있어요. 그것이 우리가 겨우 느낄 수 있는 바다에서 일어나는 지진이에요. 바닷물이 급격하게 빠져나가면서 모래 위에 물고기들을 남겨 놓아요. 몇 분이 지나면 바닷물은 거대한 벽처럼 빠른 속도로 밀려들어와 모든 것을 파괴해 버린답니다.

에서는 32km나 퍼지는 세번 강의 높은 파도를 타려고 사람들이 몰려와요. 바로 서핑을 즐기는 사람들이에요.

상적으로 높아져 육지로 넘쳐 들어오게 되지요.

왜 바다의 조수가 빠질 때 최대한 빨리 도망가야 할까요?

지진해일(쓰나미)이 발생하려

왜 해일이 생길까요?

해일은 폭풍이나 지진, 그리고 화산 폭발 등에 의해 발생하는 현상을 말해요. 바닷물이 비정

어머나!

2004년 12월 동남아시아 지역에 7시간에 걸쳐 9m가 넘는 파도가 해안가를 강타하여 12개 나라에서 23만 명의 사상자가 발생했어요. 2011년 3월 일본 동북부 지역에 지진해일이 몰려와 많은 사람이 생명을 잃고 폐허가 되었어요

강과 하천

- 큰 강과 하천은 지구상에 존재하는 물 가운데 아주 작은 부분을 차지해요. 하지만 그들이 바로 자연의 풍경을 만들어 내지요. 산에서 흐르는 급류와 평탄하게 흐르는 강물까지 물 흐름의 일생은 사실 예기치 못한 일들로 가득해요.

- 물이 흐르는 속도는 매우 다양해요. 어떤 강에서는 일 초에 단 10cm만을 움직이고, 급류에서는 일 초에 100cm가량 흘러요.

- 세계에서 가장 긴 강은 아마존(7,000km)과 나일(6,700km), 그리고 미시시피(6,210km) 강이에요. 우리나라에서 가장 긴 강은 압록강으로 길이가 925km 정도 되지요.

왜 모든 강물은 바다로 갈까요?

강물이 바다를 향해 가는 것이 아니라 단지 경사를 따라 흘러가는 거예요. 급하게 산을 내려온 물은 완전히 평평하지는 않은 평야를 따라 완만하게 흘러가지요. 그러다가 어느 날 바다에 도착하고 바닷물에 몸을 던진답니다.

왜 큰 강들은 굴곡이 있을까요?

강물이 평야에 도달하면 속도가 느려져요. 축 처지고 게을러져서 자기 앞에 놓인 돌들을 뚫고 지나갈 힘조차 없지요. 그래서 강물은 장애물을 만나면 저항하는 대신 옆으로 피해 돌아간답니다. 그 때문에 구불구불한 강의 굴곡이 만들어지는 거예요.

왜 강의 길은 모래가 아닌 자갈로 되어 있을까요?

물은 산을 내려오면서 많은 양의 자갈을 가지고 와요. 하지만 긴 여행을 하면서 점점 힘을 잃고 큰 자갈들을 물길 중간에 내려놓기 시작하지요. 그러다가 점차 작은 조약돌들도 내려놓아요. 바다에 도착했을 때 강물은 더 이상 돌을 가지지 않고 가벼운 모래만 가지고 있어요. 강물이 바다로 가져간 모래를 바닷물이 해안가로 보내는 거예요.

어떻게 강과 하천이 다를까요?

둘을 구분하는 것은 간단해요. 큰 강은 바다로 흘러들고, 하천은 큰 강으로 흘러가요.

그래서 강물은 무거운 짐을 벗어 버리듯 모래와 충적토를 그곳에 내려놓지요. 그렇게 쌓인 모래들이 계속 모이면 결국 물길을 막아 버려요. 강물은 막힌 곳을 지나기 위해 둘로 갈라져서 우회해 흘러가지요. 그렇게 나뉜 두 개의 물줄기는 삼각형 모양을 만들고, 그것을 삼각주라고 불러요.

어떻게 큰 강들이 평야를 비옥하게 만들까요?

홍수 덕분이에요! 큰 강이 넘쳐 흐르면서 땅속에 들어 있는 영양분이 풍부한 물질들을 밭에 내려놓아요. 그 물질들이 모여서 만들어진 흙을 충적토라고 불러요.

왜 어떤 강은 여러 갈래로 뻗어 있을까요?

어떤 강은 바닷가 근처나 평평한 땅에 도착했을 때 힘이 너무 없어서 더 이상 모래와 충적토를 옮길 수 없는 상태에 이르러요.

호수와 연못

- 지구에는 무수히 많은 호수가 있어요. 어떤 호수는 매우 작고, 어떤 곳은 매우 크지요. 또 어떤 호수는 수심이 깊고, 어떤 곳은 얕아요. 또한 물이 짠 호수도 있고, 그렇지 않은 곳도 있어요. 이렇게 호수의 모습이 다양한 원인은 지구의 역사가 매우 오래되었음을 뜻해요.

- 호수보다 작은 물웅덩이를 연못이라고 해요. 연못들 중 대부분은 흐르는 빗물이 푹 파인 웅덩이에 모여 만들어졌어요.

- 아시아와 유럽 사이에 있는 내륙호인 카스피 해는 세계에서 가장 큰 호수예요. 크기가 벨기에 국토의 12배인 360,000㎢나 된답니다!

왜 많은 호수가 초승달 모양을 하고 있을까요?

그런 작은 호수들이 큰 강 근처에 위치해 있다는 사실을 주목할 필요가 있어요. 왜냐하면 큰 강은 장애물을 피하려고 옆으로 돌아서 흐르다가 더 빨리 곧게 흐를 수 있는 길을 찾으면 굴곡진 부분을 남겨둔 채 새 길을 따라 흐르게 되지요. 그러면 굴곡진 부분은 초승달 모양의 호수가 되는 거예요.

왜 어떤 호수들은 바다만큼 거대할까요?

그렇게 큰 호수들은 현재 지구 모습이 아니라 예전에 존재하던 거대한 바다들의 흔적이에요. 큰 바다들이 막혀서 호수를 형성한 것이지요. 예를 들어 아시아의 카스피 해처럼 말이에요. 진짜 바다는 호수와는 다르게 항상 대양을 향해 열려 있어요.

왜 연못과 호수 바닥에는 묘지가 있을까요?

호수와 연못의 물은 천천히 흐르기 때문에 많은 수의 작은 생물들과 해초들이 호수 밑에서 살아갈 수 있어요. 그러다가 생물들과 식물들이 죽으면 부패해서 물속 바닥에 쌓여 진흙탕처럼 되지요. 그곳을 묘지라고 해요. 호수 바닥을 걷다가 그런 곳을 밟으면 오도 가도 못하게 되지요. 안타깝게도 별로 유쾌하지 않은 경험일 거예요!

왜 어떤 호수들은 높은 산 위에 있을까요?

그것은 눈이 녹아서 만들어진 호수들이에요. 옛날 지구의 온도가 지금보다 훨씬 낮을 때에는 모든 산이 눈으로 덮여 있었지요. 11,000년 전쯤 온도가 다시 올라가면서 얼음이 녹고 호수들이 나타나기 시작했어요. 볼리비아와 페루 사이에 있는 티티카카 호는 지구에서 가장 높은 곳에 위치한 호수로 안데스 산맥의 3,812m 높이에 있어요.

왜 어떤 호수들은 물이 짤까요?

그런 호수들은 바닷물과 땅에 함유된 소금기에 의해 짜게 변한 것이에요. 사실 옛날에 바다였던 중동의 사해는 세계에서 가장 물이 짠 호수예요. 미국에 있는 그레이트솔트 호는 땅에 함유된 소금기에 의해 짜게 변한 호수랍니다.

왜 어떤 호수들은 굉장히 깊을까요?

그런 호수들은 마찰에 의해 생긴 지각의 단층을 가지고 있어요. 시베리아에 있는 바이칼 호는 세계에서 가장 깊은 호수로 깊이가 1,740m나 되지요.

어머나!

얼마 전까지만 해도 아랄 해는 크기가 64,000km² 로 세계에서 네 번째로 큰 호수였어요. 하지만 호수의 물을 농업 용수로 사용해서 지금은 15%밖에 남아 있지 않아요.

지하수

- 땅 아래에는 전 세계의 호수와 강을 합친 것보다 20배나 더 많은 물이 있어요. 이 지하수의 일부분은 사람들이 사용할 수 있는 수원이 되어 주지요. 마치 수도꼭지를 틀어 물을 사용하듯이 말이에요. 나머지는 땅속 깊은 곳에 저장되어 따뜻한 온천의 형태로 밖으로 나와요.

- 지하수는 평균 5~20일 동안 땅속을 흘러요. 때로는 10,000년 동안 꼼짝 못할 수도 있어요.

- 온천의 수증기는 무려 섭씨 260도까지 올라간답니다.

어떻게 물이 땅속으로 뚫고 들어갈까요?

땅이 물을 마신다는 사실은 누구나 알고 있어요. 하지만 돌도 물을 마신다는 사실을 아는 사람은 많지 않지요. 비가 내리면 물은 지층의 표면을 따라 흐르고 돌 속으로 스며들어요. 기후가 온화한 지역의 석회암은 용해가 잘 되어 구멍이 많아서 물이 잘 흐를 수 있어요.

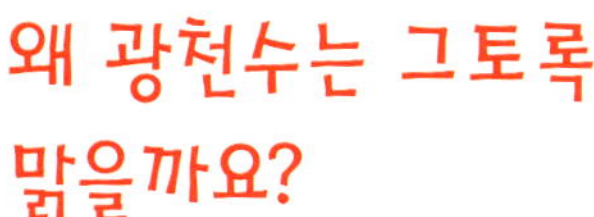

왜 광천수는 그토록 맑을까요?

보통의 지하수는 며칠 동안 땅속을 흐르던 빗물이에요. 하지만 광천수는 1,000년 이상 땅속에 머물러 있던 물이랍니다. 사실 이 물은 땅속의 아주 딱딱한 돌에 의해 오랜 세월 마치 감옥에 갇혀 있던 것과 다름없어요. 광천수는 스펀지에 물이 스며들듯 통과하기보다는 한 방울씩 매우 느리게 순환해요. 돌들이 물에 들어 있는 불순물을 모두 걸러 내고 무기질의 소금만을 전달하는 것이지요. 그런 이유 때문에 광천수는 종종 짠맛이 난답니다.

왜 어떤 우물에서는 물이 솟아나올까요?

물이 잘 스며들지 않는 두 개의 돌 사이에 갇혀 있을 때가 있어요. 비가 많이 내리면 물의 양은 많아지지만, 밖으로 나오지 못하지요. 사람들이 이렇게 막힌 곳에 우물을 파면 물은 뚫린 통로를 따라서 맹렬하게 솟구쳐요. 그것을 분출 우물이라고 불러요.

어떻게 간헐천이 만들어질까요?

간헐천은 지구 깊숙한 곳에서 나와요. 온천처럼 말이에요. 하지만 계속 분출하는 것이 아니라 정확한 때에 분출해요. 그것은 펄펄 끓는 지구의 땅속에서 믈이 수증기로 변하고 수증기가 점점 더 많이 생기다가 에취 하고 재채기를 하는 것과 같아요. 어떤 간헐천은 두 주마다 분출되고, 어떤 곳은 네 시간마다 분출해요.

왜 어떤 지하수는 다른 곳보다 뜨거울까요?

빗물은 때때로 땅속 매우 깊은 곳으로 내려가요. 끓고 있는 마그마에 닿을 때까지 단층을 따라 계속 내려가지요. 물이 마그마와 만나면 단번에 데워지고 마치 끓어 넘치는 냄비처럼 매우 빠른 속도로 밖으로 분출되지요. 그것이 바로 온천이에요.

온천의 한계온도는 나라마다 달라요. 영국과 프랑스에서는 섭씨 20도 이상을, 우리나라와 일본에서는 25도 이상을 온천이라고 해요.

풍화

바람, 비, 결빙, 소금, 얼음 그리고 큰 강 들은 우리가 보는 풍경을 부식시키고 뚫고 조각하는 일을 멈추지 않아요. 산은 동산으로, 빙하는 골짜기로, 높고 평평한 땅은 협곡으로 계속 변화하지요. 아치 모양이나 둥근 지붕 모양, 돌로 된 작은 탑 같은 다양한 모양 들은 수백만 년에 걸쳐 생겨났어요.

물의 흐름은 매년 땅으로부터 200억 톤의 돌을 갈아 내고 있어요. 또한 1,000년마다 대륙을 3cm 정도씩 낮추어 놓지요.

어떻게 높은 산에 깊은 골짜기들이 생겨났을까요?

산의 정상에서부터 땅으로 움직이는 빙하 덕분에 산이 깎여 골짜기가 생길 수 있어요. 빙하는 산을 내려오면서 길목에 있는 돌들을 긁어 내고 잘게 갈아 버리지요. 마침내 빙하가 다 녹으면 헛바닥 모양이나 U자 모양의 거대한 골짜기가 남게 된답니다.

왜 어떤 사막에는 버섯 모양을 한 바위들이 있을까요?

그 모양이 너무 신기해서 사람들은 그 바위들을 '요정의 벽난로' 라고 부른대요. 그렇게 기묘한 바위 모양을 조각한 것은 바로 바람이에요. 바람이

불어 사막의 모래를 일으키고 평평한 땅이 될 때까지 모래를 가져가지요. 그 모래에 의해 바위의 밑부분이 닳고 반들반들해지면서 날씬하고 뾰족한 돌기둥 형태가 만들어지는 거예요.

왜 중국의 남부 지방은 볼링공을 세워 놓은 것 같을까요?

중국의 구이린(계림) 지방은 마치 볼링공을 세워 놓은 듯 수십여 개의 이상하게 생긴 산봉우리로 유명해요. 누가 그렇게 만든 것이 아니라 단지 비가 오면서 땅이 깊이 침식된 것뿐이랍니다. 오직 매우 약한 석회암만이 그렇게 멋진 풍경을 만들어 낼 수 있어요.

어떻게 미국 콜로라도의 그랜드캐니언이 만들어졌을까요?

옛날에 콜로라도는 바닷가나 완만하게 구불구불한 강가에 위치한 평지였어요. 그러다가 바닷물의 높이가 급격히 낮아지면서 콜로라도는 해안보다 높은 고원이 되었지요. 조용하던 강은 급류로 변하고 빠른 속도로 언덕을 내려갔어요. 강의 급류는 1천만 년에 걸쳐 언덕을 깎아 오늘날의 협곡을 만들어 냈답니다. 참으로 기나긴 시간에 일어난 일이에요!

해안가 풍경은 어떻게 만들어질까요?

파도 덕분이에요. 파도는 해안가의 절벽을 공격해 커다란 구멍을 뚫어 놓아요. 그러면 결국 절벽의 벽면이 붕괴되지요. 파도는 부서진 돌 조각을 굴리고 굴려서 해안가에 모아 놓아요. 그래서 바닷가 절벽 근처에 자갈이 있는 거예요.

파도는 또한 모래를 가진 큰 강물과 만나게 돼요. 그런 과정을 거치면서 파도의 속도가 늦춰지고 모래가 쌓인 강가에 도착하면 파도는 소멸하지요.

산과 산맥

- 600m 이상 돌출된 부분을 산이라고 해요. 화산을 시작으로 산들은 항상 산맥을 따라 무리 지어 있어요. 유럽에는 알프스 산맥이, 아시아에는 히말라야 산맥이, 미국에는 안데스 산맥과 로셔우스 산맥이 있지요.

- 세계에서 가장 높은 산은 히말라야 산맥에 있는 에베레스트 산으로 8,848m의 높이를 자랑해요.

- 안데스 산맥은 지구상에서 가장 긴 산맥을 이루고 있어요. 히말라야 산맥의 길이가 2,500km인 것에 비해 안데스 산맥의 길이는 7,250m나 뻗어 있어요.

- 알프스 산맥의 꼭대기인 몽블랑 산은 높이가 4,807m예요.

- 우리나라에서 가장 높은 산은 백두산(2,750m)이고, 그다음은 한라산(1,950m)이에요.

어떻게 산이 생길까요?

산이 생기는 원리는 매우 간단해요. 해양이 두 개의 지각 사이에 샌드위치처럼 끼어 있으면 생겨나지요. 두 개의 지각이 서로 가까이 다가가면 해양은 좁아져요. 그래서 해양 깊숙한 곳에 있는 모래들이 밖으로 분출되고 강에 쌓여요. 그런 다음 두 개의 지각은 서로 만나 충돌하게 되지요. 둘 중에 무거운 지각이 밑으로 내려가고 가벼운 지각은 위로 올라가요. 모래성을 쌓은 듯 높이 올라간 지각이 바로 산이랍니다.

왜 산을 안내하는 사람들은 등을 구부리고 걸을까요?

처음 산에 오르면 주변의 덜 무거운 공기 때문에 가벼워지는 느낌을 받아요. 새끼 염소처럼 깡충깡충 뛸 수 있을 정도예요. 하지만 빠른 속도로 숨이 가빠 오면서 심장이 빠르게 뛰면 산에 오르는 것을 멈춰야 해요. 산을 안내하는 사람들은 그런 사실을 잘 알고 있어요. 그래서 그들은 당나귀처럼 등을 구부린 채 천천히 올라간답니다.

왜 어떤 눈사태는 매우 위험할까요?

눈사태의 위험 정도는 눈에 따라 달라져요. 눈이 무겁고 푹신하다면 속도가 굉장히 느리지만, 눈사태가 휩쓸고 지나간 자리는 모두 박살이 나지요. 만일 눈이 건조하고 가루 같은 형태라면 눈사태는 개우 빠르게 일어나면서 마치 폭탄처럼 근처에 있는 집들을 모두 날려 버려요. 또한 눈이 사람들의 폐 속으로 들어가 익사할 수도 있어요.

어떻게 빙하가 생길까요?

산의 정상에 움푹하게 파인 구덩이에는 눈이 쌓여 있어요. 그것이 단단해지면 얼음으로 변하지요. 눈이 많이 쌓이면 얼음은 밖으로 나와 언덕을 따라 매우 느린 속도로 움직이기 시작해요. 마치 느리게 흐르는 강물처럼 말이에요. 그것이 바로 빙하랍니다.

왜 산 정상에 올라가면 숨쉬기가 힘들까요?

당연히 산 정상에는 산소의 양이 적기 때문이에요! 산소는 무거워서 산 아래 평야 부분에 많이 모여 있어요. 그래서 조금만 높이 올라가도 공기는 굉장히 가벼워지지요. 3,000m 높이에서는 어지러움을 느끼고, 6,000m 높이에서는 거의 숨을 쉴 수 없어요.

사막

- 지구상에서 일 년에 비가 25cm 보다 적게 오는 곳을 사막이라 고 해요. 지구의 7분의 1이 사막 이에요.

- 모든 사막이 닮은 것은 아니에 요. 사하라 사막처럼 더운 사막 이 있고, 고비 사막처럼 추운 사 막이 있어요.

- 사막의 종류에는 모래로 이루어 진 모래사막과 지표면에 암석과 자갈, 진흙 들이 노출되어 있는 암석사막이 있어요.

- 사하라 사막은 대략 8백만km² 로 지구상에서 가장 거대한 사 막이에요. 미국만큼 크고, 아프 리카 대륙의 3분의 1을 차지하 지요.

왜 사막에는 그렇게 모래가 많을까요?

그것은 바로 이슬 때문이에요. 밤이 되어 날이 매우 추워지면 이슬은 돌의 균열 사이로 스며 들어 얼어붙어요. 아침이 되어 기온이 올라가면 이슬은 다시 녹지요. 돌 속의 이슬이 얼 때 돌은 확장되고 녹을 때에는 수 축되지요. 그렇게 바뀌는 크기 때문에 돌이 깨져요. 조각난 돌은 바람을 타고 흩뿌려지고 여기저기 부딪치면서 가루가 된답니다. 그러다가 결국에는 모래만 남게 되는 거예요.

왜 어떤 사막은 모래가 아니라 돌로 되어 있을까요?

풍화작용으로 잘게 부서져 모 래가 되기에는 돌이 너무 단단 하기 때문이에요. 바람이 불면 이런 돌덩이들이 날아다녀서 매우 위험해요!

왜 사막에서 신기루를 볼 수 있을까요?

사막 가까이는 공기가 매우 뜨 거워서 빛을 내뿜으며 거울처 럼 사물을 반사해 굴절시켜요. 그래서 공중이나 땅 위, 또는 멀리 있는 물체가 거짓으로 보 이는 신기루 현상이 일어나 지요.

왜 바닷가에도 사막이 있을까요?

왜냐하면 그런 바다의 물은 얼어 있어서 증발하지도 않고 비를 뿌릴 수도 없기 때문이에요. 태평양의 가장자리에 있는 칠레의 아타카마 사막이 그렇답니다. 그곳은 지구에서 가장 건조한 지역이에요. 1571년부터 1971년까지 무려 400년 동안 단 한 방울의 비도 내리지 않았어요. 해안가로 표면의 따뜻한 물이 흐르고 하양 깊숙이 있는 차가운 물이 우쪽으로 계속 이동하지요.

왜 어떤 모래언덕은 소리를 낼까요?

그것은 누구도 모르는 신비한 일이에요. 저녁 무렵 어떤 모래언덕들은 북을 두드리는 것 같은 굉장히 무거운 소리를 내지요. 그것은 아마 모래 입자가 언덕을 미끄러져 내려오면서 서로 부딪쳐 나는 소리일 거예요.

모래언덕은 어떻게 옮겨질까요?

바람이 불면 사람들은 모래언덕(사구)이 담배를 피운다고 이야기해요. 사실은 바람을 타고 모래 알갱이들이 다른 곳으로 옮겨 가는 거예요. 각각의 알갱이들은 다른 알갱이들과 부딪치면서 당구공이 다른 공을 밀어내듯 서로를 밀어내요. 그렇게 해서 모래언덕이 다른 위치로 옮겨 갈 수 있어요.

극지방

- 북극과 남극은 전혀 비슷하지 않아요. 남극은 대양으로 둘러싸인 지구상의 최남단 대륙이고 북극은 섬과 대륙으로 둘러싸인 대양이라고 볼 수 있어요. 북극에서 가장 큰 지역은 그린란드예요.

- 남극의 면적은 1,300만km²예요. 남극 빙하의 평균 두께는 2,000m 정도이고, 전 세계 얼음량의 90%를 차지하지요.

- 북극에는 빙산의 두께가 100m밖에 되지 않아요. 하지만 북극에서 가장 큰 그린란드의 빙하 두께는 3,000m나 된답니다.

극지방의 빙하는 어떻게 생길까요?

오랜 기간 동안 내린 눈이 쌓이고 압축되어 고체화된 얼음층이 남극 대륙의 지표면을 덮고, 북극의 언 대양을 덮고 있어요.

왜 빙산이 새끼를 낳는다는 말을 할까요?

빙산은 진짜로 작은 빙산들을 낳아요. 봄과 여름에 기온이 올라가 0도에서 섭씨 10도 정도로 따뜻해지면, 그린란드와 남극의 빙산, 그리고 바깥쪽으로 뻗은 작은 빙하들이 경계선에서 떨어져 나와요. 그래서 바다에 둥둥 떠다니게 되지요.

왜 빙산은 모양이 다 다를까요?

남극 판을 이루고 있는 빙산은 길고 평평한 모양이에요. 이 빙산들은 30m 정도의 거대한 판자 모양으로 떠다니지요. 북극 그린란드의 빙산은 크고 잘게 잘려 있어요. 이 빙산들은 해수면 100m까지 올라간답니다.

왜 오늘날에는 타이타닉 같은 사고가 일어나지 않을까요?

여름이 다가오면 빙산은 크고 작은 여러 개의 조각으로 무너져 내려요. 이런 조각들은 완전히 녹기 전까지 계속 떠다니다가 바다 속으로 사라지지요.

왜 빙산은 물에 뜰까요?

눈송이들이 빙산을 만들기 위해 단단해질 때 공기가 눈송이 안으로 침투했기 때문이에요. 결과적으로 떠다니는 빙산의 80%는 물속에 잠겨 있어요.

왜 학자들은 극지방으로 탐사를 떠날까요?

얼음에 꼼짝없이 박혀 있는 공기 덩어리를 분석하기 위해서예요. 그런 공기 덩어리들은 200,000년 전의 지구의 날씨를 재현하도록 도와주지요. 학자들은 빙산에서 '당근'이라고 부르는 원통형 모양의 기둥을 채취하여 연구해요.

왜 빙산은 짜지 않을까요?

왜냐하면 남극의 빙산은 눈으로 만들어졌기 때문이에요. 대조적으로 북극의 빙산들은 바닷물이 얼어서 만들어졌기 때문에 짜답니다.

왜냐하면 오늘날에는 비행기들이 대서양 위를 날면서 빙산이 보이면 파괴해 버리기 때문이에요. 그런 비행기들은 마치 빙산을 순찰하는 얼음 경찰관 같아요.

섬

- 섬은 바다로 둘러싸인 땅을 말해요.

- 어떤 섬들은 일본처럼 대양의 한가운데에서 솟아올라 홀로 생겨났지요. 그런 종류의 섬들은 화산섬이에요.

- 다른 섬들은 코르시카 섬과 마다가스카르 섬처럼 대륙으로부터 떨어져 나간 땅의 조각이에요. 그런 섬들은 대륙섬이에요.

- 지구상에서 가장 거대한 섬은 그린란드로 크기가 220만km² 예요.

- 가장 많은 섬을 가지고 있는 대양은 태평양으로, 무려 25,000개의 섬이 있어요.

왜 섬들은 산 모양을 하고 있을까요?

대륙과 가까이 있는 섬들은 산 모양을 하고 있어요. 옛날에 이 섬들은 땅과 연결되어 있었지요. 그러다가 선사시대 말기에 바다의 수면이 급격히 상승하면서 해안가의 낮은 지역이 물에 잠기게 되었어요. 그중 가장 높은 봉우리만 수면 위로 보이는 거예요.

왜 어떤 섬에서는 연기가 날까요?

그런 섬들은 화산이기 때문이에요. 처음에는 바다 속 깊은 곳에 숨어 있고 매우 작아서 화산을 볼 수 없어요. 용암은 불을 뿜다가 물과 접촉하면 차가워지면서 점점 큰 섬을 만들어요. 날씨가 좋은 아침에는 연기가 물을 타고 이동하거나 불꽃이 터져 나오는 것을 볼 수 있어요. 이러한 용암들이 결국 섬으로 나타나는 것이랍니다.

섬 근처에 산호초들은 어떻게 생길까요?

그 암초들은 죽은 산호들의 무덤인 동시에 아기 산호들의 탁아소이기도 해요. 산호는 자신의 물렁한 몸을 보호하기 위해 갑옷처럼 단단한 뼈대를 겉으로 내보이지요. 산호는 떼를

왜 유럽 근처에는 산호 암초가 없을까요?

유럽의 바다는 물이 매우 차갑기 때문이에요. 산호는 그리 깊지 않고 햇볕이 잘 드는 물을 좋아해요. 왜냐하면 산호의 먹이인 작은 해초들이 빛이 잘 드는 곳에서만 살기 때문이지요. 그리고 산호가 잘 살 수 있으려면 거대한 파도에 의해 바닷물이 요동쳐야 해요. 고요한 물에서는 진흙이 산호를 질식시켜 버린답니다.

왜 초호의 물은 그렇게 파랄까요?

산호초와 섬 사이의 바다는 별로 깊지 않아서 마치 거울처럼 하늘이 물에 비쳐요. 그것이 바로 초호예요. 암초의 가장자리에는 물 밑에 있는 흙이 바다 깊은 곳으로 내려와서 만들어진 장소가 있어요. 그곳은 어둡고 파도가 높아서 상어들이 살 수 있어요. 암초에 의해 길이 막힌 상어들은 정신을 잃은 듯 암초 주변을 어슬렁거려요.

지어 있는 것을 좋아해서 서로 바짝 붙어 있어요. 산호 하나가 죽으면 그 산호의 뼈대가 남게 되고 아기 산호가 죽은 산호의 뼈대 아래 자리를 잡아요. 시간이 흐르면서 마치 시멘트처럼 모래와 결합한 산호의 뼈대들이 암초를 만드는 것이랍니다.

석회동굴

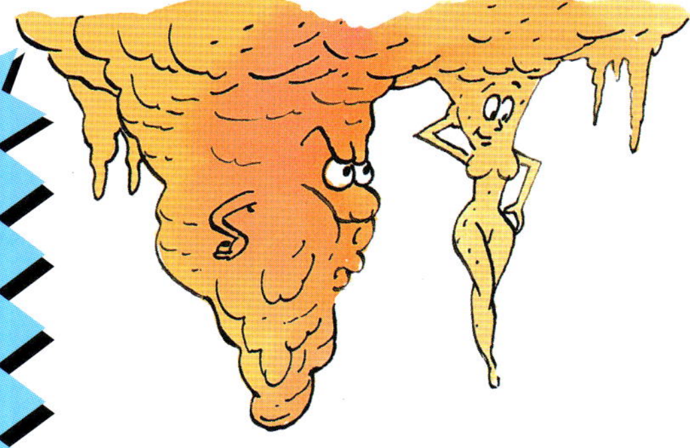

- 물은 방울 형태로 자신의 길을 떠나요. 땅속의 작은 틈이 연필의 직경만하게 커지려면 10,000년이라는 시간이 걸려요. 그리고 어떤 동굴에 3m 깊이의 구멍이 생기려면 90,000년의 시간이 필요해요. 지하 동굴과 천연 우물, 깊은 구렁 등과 그곳에서 볼 수 있는 기이한 조각들은 수백만 년에 걸쳐 만들어졌답니다!

- 종유석은 일 년에 2mm씩 자라요. 가장 긴 종유석은 스페인의 네르하 동굴에 있는 것으로 길이가 59m예요.

- 가장 긴 석순은 프랑스의 아르망에 있고 길이가 29m랍니다.

어떻게 종유석이 만들어질까요?

석회석은 설탕처럼 녹아요. 하지만 석회질은 작은 입자의 형태로 물속에 남아 있지요. 고드름처럼 동굴 천장이나 벽에 매달린 물방울은 흘러내리면서 종유석으로 길게 이어지는 석회 침전물을 남겨 놓아요. 땅으로 떨어지는 물방울 역시 동굴 바닥에서 솟아올라 석순을 만든답니다.

왜 어떤 종유석은 가늘고 어떤 것은 두꺼울까요?

떨어지는 물방울이 매우 크면 물방울은 땅으로부터 튕겨져 천장으로 올라가 종유석의 형태로 껌처럼 달라붙어요. 이 물방울이 더 많은 흙탕물을 튕겨 올라가면 더 두꺼운 종유석이 생기지요.

종유석과 석순은 어떻게 구분하나요?

그 둘을 구분하는 것은 매우 간단해요! 종유석은 동굴 천장이나 벽에 대롱대롱 매달려 있는 형태이고, 석순은 동굴 바닥에서 위쪽으로 올라가는 모양을 하고 있어요.

어떻게 깊은 구렁이 만들어질까요?

동굴 천장이 무너지면 깊은 구렁이 만들어져요. 1980년대까지 세계에서 가장 깊은 구렁으로 여겨진 곳은 프랑스의 사모앵 알프스 지대에 있는 고프르 장베르나르 동굴의 구렁으로 깊이가 1,602m나 되지요.

어떻게 동굴이 뚫릴까요?

동굴의 비밀을 밝히기 위해서는 반드시 알아야 할 것이 있어요. 바로 '석회암' 이에요. 석회암으로 이루어진 땅은 어디에나 여러 개의 동굴이 있다고 확신할 수 있어요. 물은 석회암을 녹이고 스펀지처럼 구멍을 뚫어 놓아요. 사실 물속에는 이산화탄소가 녹아서 생긴 산성 물질이 들어 있어요. 이산화탄소는 우리가 호흡할 때 내뿜는 기체예요. 비가 오면 물은 공기 중에 있는 이산화탄소를 흡수해서 산성으로 변하지요. 석회암을 제외한 다른 돌들은 이러한 산성에도 변하지 않아요.

어떻게 동굴 속의 멋진 조각 작품들이 만들어질까요?

아름다운 동굴은 원형 기둥과 주름, 석회질로 된 꽃들로 장식되어 있어요. 원형 기둥은 종유석과 석순이 만나면 만들어지지요. 주름은 물이 경사진 구멍을 따라 흐르다가 땅에 연속적으로 떨어지면 만들어져요. 동굴 안의 꽃들은 스며든 물을 내보내는 동굴 벽면에 만들어진답니다.

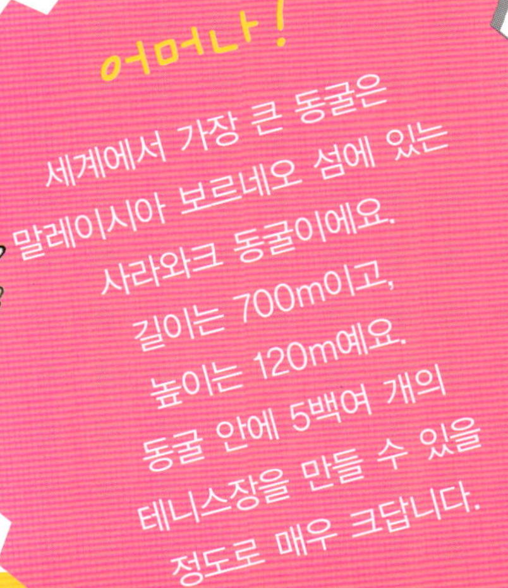

암석

암석은 크게 세 종류로 나눌 수 있어요.

- 하나는 화성암이에요. 그것은 마그마가 식어서 만들어진 암석으로 지구의 대부분을 구성해요. 가장 흔히 볼 수 있는 화성암은 화강암이에요.

- 두 번째는 퇴적암이에요. 풍화 작용으로 지표 근처에 쌓인 부스러기 암석과 생물들의 유해 등이 굳어져 만들어졌어요. 예를 들어 사암과 석회암이 있어요.

- 마지막으로 변성암이 있어요. 이 암석은 화성암과 퇴적암이 땅속에서 뜨거운 열기와 압력을 받아 변형된 거예요. 예를 들어 점판암과 대리석이 있어요.

어떻게 석회암이 만들어질까요?

석회암은 바다 밑에서 조개류와 물고기들이 죽으면 만들어져요. 조개껍데기와 죽은 물고기의 뼈는 바다 깊숙이 떨어지면서 물의 흐름에 의해 가루로 부서지고 점점 쌓여 축적되지요. 이렇게 무더기로 축적된 것이 바로 석회암 절벽이에요. 석회암으로 분필을 만드니까 우리는 결국 물고기의 뼈로 칠판에 글씨를 쓰는 거예요!

어떻게 대리석이 만들어질까요?

대리석도 석회암의 일종이에요. 대리석 역시 조개껍데기와 물고기의 뼈로 만들어지지요. 하지만 단순히 석회질로만 되어 있지는 않아요. 근처의 화산이 터져서 용암이 암석을 구워 내지요. 그 때문에 대리석은 매우 단단해요.

왜 화산이 없다면 르아르 성도 없을까요?

프랑스에 있는 르아르 성은 백토로 만들어진 성이에요. 그리고 백토는 바로 화산재이지요. 화산재는 땅으로 떨어지면서 압축되어 쌓이고, 그 속에서 작은 잡초와 이끼 들이 나오기 시작해요. 잡초와 이끼는 작은 구멍을 통해 밖으로 나오기 때문에 이런 구멍들 덕분에 백토는 아주 부드럽고 자르기 쉽게 만들어진답니다.

왜 흙 속에는 영양분이 풍부할까요?

우리는 흙을 가지고 수많은 유용한 일들을 할 수 있어요. 진흙은 수분이 많은 흙이에요. 사람들은 이 진흙을 가지고 도기와 기와, 벽돌을 만들어요. 진흙과 석회암을 섞으면 시멘트를 만들 수 있어요. 모래는 건조한 흙이에요. 우리는 모래를 가열해서 유리를 만들어요. 마지막으로 조약돌은 잘 분쇄되지 않는 흙이에요. 시멘트와 모래를 섞으면 콘크리트를 얻을 수 있어요. 다시 말해서 우리가 사는 도시는 거의 모두 흙으로 만들어진 것이나 다름 없답니다!

왜 지붕을 점판암으로 만들까요?

점판암은 쉽사리 얇게 자를 수 있는 암석이기 때문이에요. 사실 점판암은 산 아래쪽에 눌려 있는 점토에 불과해요. 점판암은 겹쳐진 여러 층의 모양을 하고 있어요. 점판암은 변성 작용을 받아 만들어진 암석이에요.

왜 지구는 흙으로 덮여 있을까요?

흙은 마치 다진 고기와 같아요. 큰 강과 비와 바람이 암석을 으깬 다음 평지에 부서진 조각을 내려놓지요. 그러니까 흙은 암석으로 만들어졌다고 할 수 있어요.

천연자원

어떻게 석유가 만들어질까요?

석유는 바다 깊숙한 곳에서 수백만 년에 걸쳐 만들어져요. 죽은 동물과 식물에서 나온 잔해들이 바다 깊숙한 곳에 쌓이고, 그 위에 모래가 쌓이지요. 잔해들은 모래 속에서 발효되어 끈적끈적하고 색이 어두운 액체로 변하고 모래 속으로 스며들면서 위로 올라온답니다. 그것이 바로 석유예요!

어떻게 석탄이 만들어질까요?

학자들은 석탄이 3억 5,500만 년 전에 늪지대를 덮고 있던 울창한 숲에서 만들어졌다고 설명해요. 죽은 식물들이 진흙 속에 묻히고 열을 받아 압축되어 조금씩 석탄으로 변화한 거예요.

왜 사하라 사막에서 석유가 발견될까요?

아주 오래전에 사하라 사막이 바다 밑에 존재했기 때문이에요. 바다 속에서 석유가 만들어진 거예요.

왜 유조선은 침몰하면 안 될까요?

유조선이 운반하는 원유는 물보다 가볍기 때문이에요! 사실 원유는 휘발유가 혼합된 기름이에요. 기름을 물에 넣어 보세요. 물과 섞이지 않고 물 위에 둥둥 뜨는 현상을 볼 수 있어요. 원유에서 추출하는 휘발유는 매우 가벼워서 공기 중으

왜 값비싼 보석들은 색이 아름다울까요?

값비싼 보석들은 그 속에 포함된 금속에 의해 빛이 나는 광물들이에요. 루비는 크롬에 의해 붉은빛이 나지요. 사파이어는 철과 티탄을 함유하고 있어서 파란색을 띠어요. 그리고 에메랄드는 알루미늄에 의해 초록색을 띤답니다.

로 증발하고 불이 붙으면 아무 것도 남지 않고 타 버려요.

되어 만들어진 거예요.

왜 보석 호박은 값비싼 광물 중에서 예외일까요?

호박은 비싼 광물이 아니에요. 벌꿀 색의 호박으로 우리는 빛나는 보석을 만들 수 있어요. 옛날에 그리스 사람들은 이 보석이 석양빛에 의해 만들어졌다고 믿었어요. 사실 호박은 송진에 불과해요. 6천만 년 전 지구를 덮고 있던 소나무 숲의 송진이 땅속에서부터 화석화

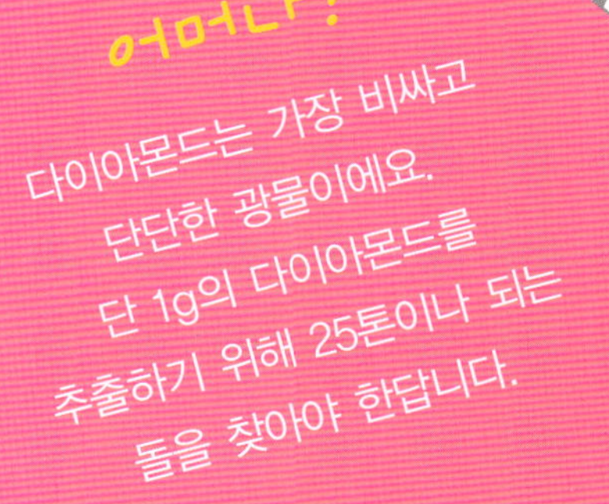

식물의 세계

- 지구의 첫 생명체는 35억 년 전에 나타났어요. 그들 중에 몇몇은 식물처럼 자기 스스로 영양분을 만들어 낼 수 있는 능력을 지니고 있었지요. 그러한 능력 덕분에 동물의 세계에서 인간의 세계로 이어지는 혹독한 세상에서 살아남을 수 있게 된 것이랍니다.

- 식물 중에서 가장 큰 것은 캘리포니아에 있는 세쿼이아로 높이가 무려 112m나 된답니다.

- 식물과 꽃을 통틀어서 가장 작은 것은 좀개구리밥으로 직경이 0.3mm밖에 되지 않아요.

어떻게 식물 스스로 영양분을 공급할까요?

식물은 스스로 요리할 수 있어요! 인간이나 동물과는 다르게 식물에게는 소화시킬 수 있는 위가 없기 때문에 음식을 먹을 수 없어요. 그래서 스스로 단백질과 당, 지방을 만들지요. 식물은 물과 흙, 이산화탄소와 햇빛을 재료로 하여 자신에게 필요한 영양분을 만들어 내요. 겨울이 되면 햇빛이 덜 비치고 땅속의 물이 얼기 때문에 식물은 더 이상 스스로에게 영양분을 공급하지 못하고 곰처럼 겨울잠을 잔답니다.

왜 식물들은 움직이지 않을까요?

우선 식물들에게는 사람들이 무언가에 찔렸을 때 깜짝 놀라 손을 떼도록 하는 신경이 없어요. 그래서 빨리 움직일 수가 없어요. 식물의 겉부분은 형태를 이루지만, 속부분은 인간이나 동물과 전혀 달라요. 하지만 식물도 나름대로 천천히 움직이기는 해요.

어떻게 식물에서 진액이 나올까요?

식물들도 땀을 흘려요. 잎사귀를 통해 물을 밖으로 내보내지요. 이러한 물의 손실은 결국 뿌리를 통해 땅속의 물을 끌어올리도록 한답니다.

어떻게 광합성이 일어날까요?

식물의 잎사귀 밑에는 개구리의 눈을 닮은 미세한 구멍들이 있어요. 기공이라고 부르는데, 그곳을 통해서 이산화탄소가 식물 속으로 들어가요. 이산화탄소는 식물의 진액에 존재하는 물에 용해되고 태양빛에 의해 데워져요. 바로 그 과정에서 기적이 일어난답니다! 이산화탄소는 강낭콩이나 감자에서 나오는 탄수화물로도 변화해요. 그것을 식물들이 다시 섭취하지요. 다이어트가 따로 필요없어요!

왜 식물의 뿌리에는 털이 나 있을까요?

식물의 뿌리는 더 많은 물을 흡수하기 위한 장치와 같아요. 물의 흡수력을 높이기 위해 10배나 더 많은 물을 마실 수 있도록 털이 나오게 된 거예요. 뿌리는 땅속에 묻혀 있어도 상하지 않기 위해 끈적끈적하지요. 뿌리에 털이 나 있고 끈적끈적하기 때문에 식물들이 잘 자랄 수 있는 것이랍니다!

왜 식물은 녹색일까요?

식물의 잎사귀 안에는 엽록소라고 불리는 물질이 들어 있어요. 엽록소는 빛을 흡수해요. 하지만 모든 빛을 흡수하지는 않아요. 빛이 여러 색의 조합이라는 사실은 이미 알고 있지요? 식물은 파랑과 노랑, 빨강 빛은 먹지만, 초록빛은 소화하지 못해요. 그래서 소화가 안 되는 초록빛이 겉으로 남아 보이는 거예요.

왜 식물이 없으면 우리는 더 이상 지구에 살 수 없을까요?

약 27억 년 전 산소를 발생시키는 광합성 미생물의 등장으로 대기 중의 산소가 증가했고, 그로 인해 오존층이 형성되었어요. 오존층은 생물이 증식할 수 있게 해요.

해조류

● 해조는 가장 오래된 식물이에요. 덜 진화한 식물로 꽃이 피지 않는 식물군에 속하지요. 녹색, 갈색, 붉은색이 있는데, 모양은 둥글거나 길쭉하거나 규조강처럼 작은 플랑크톤도 있어요. 또 엄청나게 많은 해조가 모여 있는 조해(북대서양과 서인도 제도 부근의 해역) 같은 곳도 있지요. 세상에 해조처럼 다양한 것도 없을 거예요.

● 지구상에는 4만여 종의 해조가 존재해요! 해조는 지구에서 이루어지는 광합성의 3분의 2를 책임지고 있어요. 그들은 인간의 삶에 없어서는 안 될 꼭 필요한 존재랍니다.

왜 해조들은 색이 다양할까요?

해조의 색은 바다 속 어디에서 자라는가에 따라 결정되지요. 수심이 얕은 해변에서 자라는 해조는 초록색이에요(녹조류). 물속에서 수영할 때 발에 걸리는 갈색 해조들은 갈색 색소에 의해 엽록소가 숨겨져 있어요(갈조류). 그리고 만조인 바다에는 붉은색 해조들도 있어요(홍조류). 붉은색은 바다 깊이 어두운 곳으로 침투하는 약한 태양 광선을 끌어모으려는 거예요.

왜 해조들은 끈적끈적할까요?

만약 해조가 끈적거리지 않는다면 파도가 칠 때마다 해안가로 끌려갈 거예요. 그러면 해조들은 말라서 죽게 되겠지요. 해조의 끈적끈적한 부분은 우리가 먹는 몇 가지 음식 재료로도 사용된답니다.

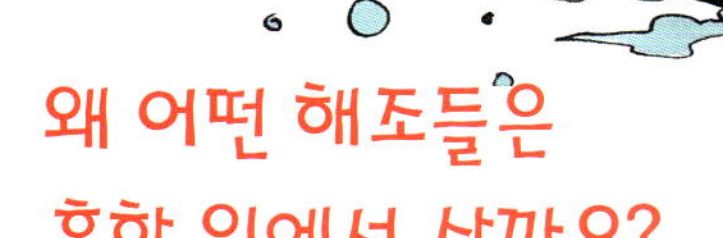

왜 어떤 해조들은 홍합 위에서 살까요?

매우 흔한 갈색 해조인 모자반 속이 자라기 위해서는 어떤 곳에 고정되어야 해요. 바다 깊은 곳이나 모래 속에 자리잡고 자라는 것은 불가능하지요. 그래서 조개류인 홍합에 달라붙어요. 홍합 또한 해조에게 자리를 제공하면서 얻는 이득이 있어요. 해조가 튜브 역할을 해서 홍합이 너무 깊숙한 물에 처박히지 않도록 도와주지요.

왜 플랑크톤은
소화시키기 힘들까요?

고래와 물고기의 먹이가 되는 식물성 플랑크톤은 아주 작은 해조의 한 종류인 규조로 되어 있어요. 규조의 겉은 두 개의 투명한 껍데기로 이루어져 있지요. 하나는 입이고, 다른 하나는 덮개 역할을 해요. 껍데기 부분에서 추출하는 규조를 가지고 유리를 만들 수 있어요.

왜 학자들은 해조에 관해
논쟁할까요?

원시적인 해조들 중 어떤 것은 매우 특이해서 식물인지 동물인지 알 수 없을 때가 있어요. 예를 들어 유글레나는 엽록소를 가지고 있어 광합성을 하여 살아가는 아주 작은 초록색 해조예요. 하지만 유글레나는 식물처럼 딱딱한 껍질로 덮이지 않고 부드러운 살갗을 갖고 있지요. 또한 입과 수직포가 있어서 그것을 통해 배출물을 내보내요. 그리고 편모로 자유롭게 움직일 수도 있어요. 여러 면에서 식물도 동물도 아닌, 차라리 외계인이라고 부르는 편이 낫지 않을까 싶어요!

어떻게 해조가
돌로 변할까요?

오스트레일리아의 어떤 해변에서는 사람 키보다 더 큰 둥근 바위를 만날 수 있어요. 그것은 돌이 아닌 파란색 해조로, 지구에서 가장 오래된 35억 년 전에 등장했어요. 이 해조들은 햇빛에 의해 영양분을 얻기보다 바닷물을 마시면서 영양분을 공급받아요. 그래서 바닷물이 해조의 몸 속에 흐르면서 석회질을 남기고, 해조가 죽으면 석회질을 제외한 모든 것이 사라지지요. 이 석회질이 거대한 파란색 해조 덩어리를 만들어 낸답니다.

버섯

- 학자들은 버섯을 식물성도 동물성도 아니라고 정의해요. 버섯은 엽록소를 가지고 있지 않아 광합성을 할 수 없는 이상한 식물이에요.

- 버섯은 동물들처럼 영양분을 얻어요.

- 버섯은 자신의 모자를 열어서 씨앗을 뿌리지요. 그것을 포자라고 해요.

- 지구상에는 180,000 종류가 넘는 버섯이 존재해요.

어떻게 버섯이 움직일까요?

당연히 발을 사용해서 움직여요! 버섯은 젊고 에너지가 넘칠 때 스스로 발을 만들어요. 젤리 형태의 몸 아래에 발이 달려 있어서 이동할 수 있을 뿐만 아니라 지나가는 길에 있는 모든 것을 집어삼킬 수도 있어요. 버섯은 나무를 따라 가늘게 흐르는 물에서 헤엄치는 것을 좋아해요. 나중에 늙고 피곤해지면 버섯은 어딘가에 정착해서 마치 풍선껌 같은 작은 오렌지색 공 모양으로 단단해진답니다.

왜 숲 속의 나무에서 고기가 자랄까요?

붉은색의 익지 않은 거대한 고기처럼 생긴 버섯을 '소의 혀(소혀버섯)' 라고 불러요. 만약 이 버섯이 나무 위에서 자라고 있다면, 그것은 버섯이 나무를

먹고 있는 것을 뜻해요. 버섯은 나무의 홈을 통해 줄기로 침투해 들어가 안쪽에서부터 갉아먹어요. 그래서 나무가 약해지고 바람이 불면 부러지게 되지요.

어떻게 버섯이 곤충이나 지렁이를 잡을까요?

어떤 버섯은 육식을 해요. 버섯은 달릴 수도 날 수도 없기 때문에 먹이를 잡기 위해 천재적인 방법을 생각해 냈어요. 어떤 버섯은 곤충이 들러붙을 수 있는 강한 접착제로 된 가

어떻게 송로버섯이 떡갈나무를 죽일까요?

송로버섯은 땅속에 묻힌 떡갈나무의 뿌리 위에서 사는 버섯이에요. 송로버섯은 떡갈나무 뿌리에 있는 물을 흡수하는 털들을 없애고 숨을 쉬지 못하게 막아 버려요. 그래서 떡갈나무는 목이 말라 시들어 죽고 말지요. 또한 송로버섯은 떡갈나무가 자라는 땅의 영양분을 모두 가져간답니다. 그래서 나무가 자라지 못해요.

왜 버섯은 다른 식물이 살아가는 데 꼭 필요할까요?

버섯은 죽은 나뭇잎과 나무껍질, 곤충의 뼈 등 땅에서 얻은 모든 것은 소화시키면서 다른 식물들이 자랄 수 있는 부식토를 만들어 주어요. 버섯이 없다면 땅은 어떤 식물도 자랄 수 없는 쓰레기로 가득 찬 곳이 되고 말 거예요.

는 선을 가졌고, 또 어떤 것은 접착력이 있는 단추를 가졌어요. 그런 도구들 때문에 곤충들은 마치 접착테이프에 달라붙듯 버섯에 붙게 되지요. 식충버섯은 열리는 고리를 가져서 마음대로 먹이를 꽉 조일 수 있어요. 지렁이가 이 버섯 옆을 지나가면 목이 졸려 죽게 돼요.

원시 식물

왜 지의류는 특별한 식물일까요?

지의류는 조류와 균류로 구성되어 있어요. 조류는 광합성을 하고 요리 재료로 사용되지요. 균류는 조류가 공기에 의해 건조되는 것을 막아 주어요. 마치 결혼을 한 것처럼 그 둘이 함께 사는 곳에는 다른 어떤 식물도 살 수 없답니다.

왜 도시의 벽에 더 이상 이끼가 없으면 나쁜 징조일까요?

이끼가 없다는 것은 공기가 매우 오염되어 있음을 뜻해요. 이끼의 잎에는 숨쉴 수 있는 구멍이 없어요. 그래서 스스로 독성 물질을 제거할 수 없기 때문에 이끼는 오염된 곳에 있으면 독성 물질을 흡수해 죽고 말지요.

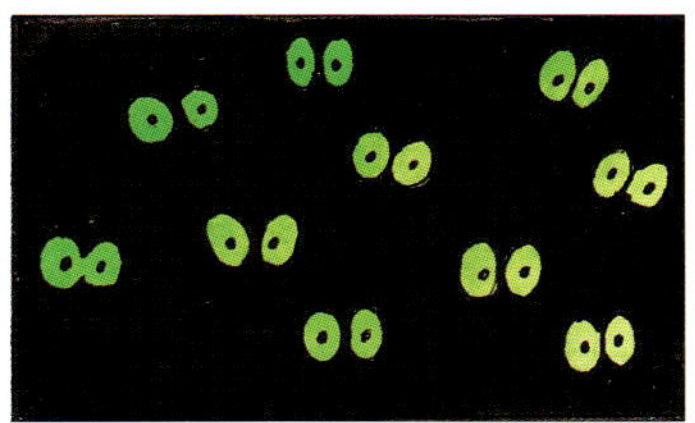

어떻게 이끼는 어두운 곳에서 살까요?

이끼는 햇빛을 필요로 하지 않아요. 이끼의 줄기에는 작은 혹들이 있는데, 그 혹들이 적은 양이지만 태양 광선을 잡아 농축해 놓기 때문이에요.

어떻게 이끼는 뿌리 없이 살 수 있을까요?

이끼는 마치 스펀지 같아요. 자신의 표면 전체를 이용해서 공기 중에 있는 수분을 배불리 흡수하지요. 그런 재능 덕분에 이끼는 지의류 다음 시대에 건조한 땅에서도 살아남을 수 있었어요. 이끼는 공기가 건조해지면 잠이 들고 비가 오면 다시 깨어난답니다.

초기의 식물은 4억 5천만 년 전에 지구를 정복하기 위해 바다를 떠난 지의류와 이끼였어요. 그다음에 고사리가 나타났고, 마침내 원시 나무들이 나타났지요. 이 원시 나무들은 현재 두 종류의 화석으로 남아 있는데, 바로 소철과 은행나무예요.

2억 5천만 년 전부터 3억 8천만 년 전까지 지구는 높이가 40m나 되는 거대한 고사리 숲으로 뒤덮였어요. 오늘날 지구상에는 1만여 종의 고사리가 존재해요. 가장 큰 고사리는 태평양의 노퍽 섬에서 자라는데 높이가 무려 25m나 되지요.

어떻게 고사리가
번식할까요?

고사리는 남성도 여성도 아니에요. 고사리는 번식하기 위해 자신의 잎사귀 밑으로 노란 씨앗을 내보내요. 그러면 씨앗은 땅에 떨어져 싹이 트고 심장 모양의 식물을 만들어 내지요. 그것이 바로 전엽체예요.
이 귀여운 식물은 어떤 것은 남성이고 어떤 것은 여성인 씨앗을 만들어요. 여성을 모으기 위해 남성은 물방울을 찾아야 하고 마치 서핑을 즐기는 사람처럼 물 위에서 미끄러져야 하지요. 물 없이는 고사리도 탄생할 수 없어요!

어떻게 고사리가
숲을 이루었을까요?

3억 5천만 년 전에 고사리가 나타났을 때 지구는 짙은 안개에 덮여 있었어요. 고사리는 빛을 찾아 기어오르기 시작했지요. 다치지 않기 위해 줄기를 감싸고 땅에 뿌리를 내려 정착한 거예요. 고사리는 자신의 진액과 구멍 난 잎사귀를 감시하는 능력도 지니고 있어요. 한마디로 고사리는 굉장히 현대적인 식물이라고 할 수 있어요!

꽃

- 꽃을 가진 식물들은 1억 년 전 공룡이 살던 시대에 지구에 나타났어요.

- 꽃은 생식기관이에요. 꽃의 밑부분은 얇고 가는 작은 녹색 꽃받침으로 되어 있고, 그 위에는 화관이 있으며, 마지막으로 꽃잎으로 덮여 있어요. 꽃 안에는 작은 안테나들이 있는데 그것을 수술이라고 불러요. 수술은 남성 꽃가루를 생산해요. 수분(종자식물 수술의 꽃가루가 암술머리에 붙는 것)을 하기 위해 꽃은 곤충이나 새의 도움을 필요로 해요. 꽃은 벌레와 새 들의 도움을 받기 위한 여러 가지 방법을 알고 있어요.

왜 꽃은 향기가 날까요?

곤충들을 유혹하기 위해서예요. 박하꽃은 항상 늦여름에 꽃이 피는데, 이때가 곤충들이 가장 많이 사는 시기예요. 하지만 꽃들 중에도 나쁜 냄새가 나는 것도 있어요. 그런 꽃들은 파리를 불러 모으겠지요?

왜 꽃이 질까요?

꽃은 일단 수분이 되면 더 이상 아무것도 하지 못해요. 식물은 줄기를 통해 꽃으로 영양분을 공급하는데, 수분이 이루어진 뒤에는 수액이 도달하는 통로가 막혀 버리지요. 그래서 꽃은 목이 말라 죽게 돼요.

어떻게 마로니에 꽃은 빨간 불을 반짝일까요?

마로니에 꽃은 곤충들을 불러 모으기 위해 화관 아래쪽에 두 개의 노란 점을 가지고 있어요. 이 꽃은 수분이 이루어진 다음 질 때가 되어도 지지 않고 노란 점을 빨간색으로 바꾸지요. 이 빨간 점이 없다면 곤충들은 마로니에 꽃을 더 이상 찾아오지 않을지도 몰라요.

왜 꽃은 혼자 아기를
만들지 않을까요?

한 개의 꽃에는 꽃가루로 되어 있는 수술과 단지 받는 일만 할 수 있는 암술이 있어요. 그러니까 꽃은 곤충의 도움이 없어도 혼자 수분을 할 수 있어요. 하지만 그렇게 하면 식물은 생명력을 잃게 되지요. 그래서 꽃은 방법을 생각해 냈어요. 가장 고도의 방법을 이용하는 것이 바로 아보카도 나무예요. 아보카도는 아침에 꽃이 열리고 꽃가루를 만들어요. 하지만 그때 꽃은 꽃가루를 받을 수 없어요. 정오가 되면 꽃은 다시 닫혀 버려요. 오후에 꽃이 다시 열리면 이번에는 꽃가루를 만들지 않고 받기만 해요. 옆에 있는 다른 꽃들은 반대로 하는데 말이에요. 이렇게 착실한 식물이 바로 아보카도 나무랍니다!

왜 데이지는
진짜 꽃이 아닐까요?

데이지는 하나의 꽃이 아니라 수많은 꽃이 결합된 것이라고 할 수 있어요. 하얀 꽃잎 하나하나가 한 개의 꽃이고, 그 꽃은 혀 모양으로 모여 있어요. 중앙부에 있는 작은 노란 관들 또한 작은 꽃이에요. 이 모든 꽃이 모여서 곤충들이 내려와

앉을 장소를 제공하지요. 그것이 바로 우리가 꽃송이라고 부르는 부분이에요.

왜 꽃은 색깔이
화려할까요?

꽃가루를 날라 줄 곤충들을 끌어 모으기 위해서예요. 곤충마다 좋아하는 색깔이 달라요. 빨간색을 보지 못하는 꿀벌들은 흰색 버찌나무와 파란색 팬지를 좋아하지요. 이 꽃들의 검은색 줄무늬는 꽃의 중심부를 향해 길게 뻗어 있어 그곳이 바로 꽃으로 들어가는 입구임을 표시해 주어요. 새들은 꿀벌과는 달리 마치 황소처럼 빨간색을 좋아한답니다. 양귀비꽃은 빨간색이에요. 사람들한테는 보이지 않지만, 꿀벌들이 열렬히 좋아하는 자외선도 방출해요.

왜 세로페지아는 진딧물에게 성가신 상대일까요?

세로페지아(러브체인이라고도 함)는 병 모양의 꽃이에요. 이 꽃은 꼭대기에 있는 작은 털에서 환상적인 향기를 풍겨요. 그 냄새에 유혹당한 진딧물은 다른 진딧물들과 뒤섞이면서 병 모양의 꽃 속으로 풍덩 빠지고 말아요. 사실 꽃 속에는 어떤 꿀도 없어요. 진딧물들은 꿀이 없는 것을 알고 밖으로 나가려 하지만 꽃의 꼭대기에 있는 털들이 못 나가게 막지요. 많은 진딧물들이 배고픔과 목마름으로 인해 죽고, 꽃이 지고 나서야 살아남은 진딧물들이 밖으로 나올 수 있어요.

어떻게 히비스커스가 벌새들에게 화장을 해 줄까요?

벌새는 다른 곤충들과 마찬가지로 처음에는 꽃 속에 들어가는 것을 좋아하지 않아요. 오히려 자신의 긴 부리를 이용해 꽃 속으로 부리를 집어넣는 것을 좋아하지요. 히비스커스는 먼지떨이같이 생긴 화관에 솟아 있는 수술을 만들어요. 또한 브러시처럼 생긴 암술도 많이 가지고 있어요. 벌새가 날아오면 수술은 벌새의 등을 어루만져 주면서 꽃가루를 뿌리고, 암술은 벌새의 깃털을 윤기 나게 만들어 준답니다.

어떻게 쥐방울덩굴의 꽃은 파리들을 위한 호텔을 운영할까요?

매일 저녁 브라질 태생의 쥐방울덩굴 꽃은 지독한 비린내를 풍기면서 수많은 파리들을 끌어 모아요. 파리들이 쉽게 접근하도록 꽃잎이 길게 늘어져 착륙할 장소를 만들어 주지요. 파리들이 내려앉을 장소 끝부분에 구멍이 하나 있어요. 파리들이 이 구멍 안으로 들어가면 마치 인큐베이터처럼 꽃 속에 갇히고 말아요. 파리들은

이곳에서 하룻밤을 보내게 되지요. 아침이 되어 꽃이 피면 쥐방울덩굴 꽃 속에서 하룻밤 동안 잘 쉬면서 꽃가루를 저장한 파리들이 밖으로 날아가기 시작해요.

다가 다른 꽃으로 옮겨가기 전에 자신이 가지고 있던 꽃가루를 내려놓아요. 아룸은 만족해서 보답으로 꿀을 제공하지요. 작은 파리들은 꿀을 마시면서 꽃가루를 흩뿌리고 마치 술에 취한 듯 지그재그 모양으로 또다시 꿀을 먹으러 다른 아룸으로 옮겨 간답니다.

어떻게 아룸속 꽃들은 작은 파리들을 주정뱅이로 만들까요?

아룸은 항아리 모양의 꽃으로 꽃의 내벽을 따라 기름방울을 내보내요. 작은 파리들은 이 기름으로 미끄러져서 항아리 모양의 꽃 속으로 들어가지요. 파리들은 그곳에서 발버둥치

왜 샐비어 꽃 속으로 들어가기 전에 문을 두드려야 할까요?

보라색 샐비어(깨꽃)는 희한한 특징이 있어요. 꿀벌이 샐비어의 꿀을 먹으려고 다가가면 일단 머리를 문 쪽으로 들이밀어야 해요. 꽃이 열리는 동안

수술들은 꿀벌의 등에 꽃가루를 내려놓기 위해 앞뒤로 움직이지요. 꿀벌은 진수성찬에 정신이 팔려 자신의 등에 꽃가루가 놓이는지도 모른답니다.

왜 야생 바나나 나무는 모기를 기를까요?

야생 바나나 나무는 늪지대에서 자라요. 보트처럼 생긴 이 나무의 거대한 붉은 꽃은 빗물을 모을 수 있기 때문에 모기에게 살기 좋은 거처를 마련해주지요. 벌새들은 모기가 바나나 나무의 꽃에 산다는 걸 알고 있어요. 그래서 꽃이 모기에게 꽃가루를 묻히고 있을 때 잡아먹기 위해 꽃으로 날아오지요.

씨앗

- 강낭콩, 땅콩, 밀, 커피 알갱이, 옥수수 알갱이, 밤, 도토리, 카카오 열매, 쌀 등등……. 이 모든 것이 씨앗이에요.

- 모든 씨앗은 세 부분으로 나뉘어요.
  - 먼저 껍질 부분이 씨앗을 감싸고 있어요. 씨앗은 콩 껍질처럼 부드러울 수도 있고, 카카오의 껍질처럼 단단할 수도 있어요.
  - 두 번째 부분은 배인데, 잎과 줄기, 뿌리가 모두 이곳에 숨어 있어요. 바로 이 부분에 아기 곡식이 숨어 있지요.
  - 나머지 부분은 배젖이에요. 이것은 씨앗의 살 부분으로 싹이 틀 때 배의 성장에 필요한 영양분을 공급해 준답니다.

어떻게 씨앗을 저장할까요?

씨앗은 꼭 죽은 것처럼 보여요. 왜냐하면 씨앗은 완전히 건조되어 마치 미라처럼 먹지도 숨쉬지도 않으니까요. 하지만 그런 상태이기 때문에 썩지 않아요. 땅에서 씨앗을 갉아먹는 곤충으로부터 스스로를 보호하려고 목화 씨앗은 자신만의 살충제를 만들어요. 또 어떤 씨앗은 병으로부터 자신을 보호하기 위해 항생물질을 만들지요. 이 항생물질이 들어 있기 때문에 아몬드와 살구의 씨 부분을 먹으면 쓴맛이 나는 거예요.

왜 밀가루는 아기들에게 좋지 않을까요?

밀의 배젖 부분이 당을 더 많이 함유할수록 단단한 밀의 살 부분에 단백질 덩어리가 가득 차게 돼요. 이 작은 공처럼 생긴 단백질 덩어리를 글루텐이라고 불러요. 아기들은 위가 작기 때문에 글루텐을 소화시킬 수 없어요. 어른들은 빵을

폭신하게 만드는 글루텐을 좋아하지만, 아기들한테는 좋지 않아요.

왜 삼나무는 싹이 트기 위해 불이 나기를 기다려야 할까요?

오직 불의 열기만이 씨앗을 가진 삼나무의 솔방울을 깨뜨릴 수 있기 때문이에요. 또한 불은 숲 속의 오래된 나무들을 태우면서 나무가 새로 자랄 수 있는 공간을 마련해 주어요.

그뿐 아니라 영양분이 풍부한 재로 땅을 덮어 주지요. 누이 좋고 매부 좋고인 셈이에요!

왜 금잔화는 이름과 잘 어울린다고 할까요?

금잔화의 프랑스어 이름인 'souci'는 '걱정'이라는 뜻을 지니고 있어요. 이름처럼 금잔화는 씨앗 걱정을 많이 하는 꽃이지요. 금잔화는 싹을 더 많이 틔우기 위해 세 종류의 씨앗을 만들어요. 무거운 씨앗은 금잔화 곁에 떨어지고, 가벼운 씨앗은 조금 먼 곳까지

이동해요. 날개가 달린 씨앗은 아주 먼 곳까지 날아간답니다.

왜 겨울에는 싹이 트지 않을까요?

씨앗은 싹을 틔우기 위해 따뜻한 봄이 오기만을 손꼽아 기다려요. 하지만 온도만 올라간다고 문제가 전부 해결되는 것은 아니에요. 그러면 겨울에도 잠깐 날이 풀리면 싹이 삐죽 났다가 곧 얼어죽고 말 테지요. 씨앗은 현명하게 판단해요. 지평선 가까이에 있어 짙은 붉은 빛을 띠는 겨울 햇빛과 그보다 밝은 5월의 붉은 햇빛을 구별할 줄 알지요.

왜 땅콩을 먹으면 살이 찔까요?

땅콩은 열매가 아니라 씨앗이에요. 우리가 먹는 것은 땅콩 씨앗의 배예요. 땅콩의 배는 모든 에너지를 함유하고 있어서 배젖의 도움이 필요없어요.

그래서 에너지를 빼앗긴 땅콩의 배젖은 없어지고 땅콩을 보호하는 껍질이 얇아져서 우리가 손으로 까 먹는 땅콩의 껍질 부분이 되지요. 그러니까 통통하고 고소한 땅콩의 씨앗이 배 부분이랍니다. 그래서 땅콩은 칼로리가 매우 높아요.

씨앗의 여행

- 씨앗은 전 세계를 돌아다녀요. 씨앗은 튀어오르고, 날고, 헤엄치고, 기고, 매달리고, 심지어 먹히기까지 하지요.

- 이 모든 방법은 좀 더 멀리 가기 위해서예요. 사실 씨앗은 빛이 있을 때 싹이 더 잘 틀 수 있어요. 그늘에서도 환히 트인 부분이 있으면 씨앗은 자랄 수 있어요. 엄마로부터 먼 곳으로 옮겨 가기 위해 어떤 씨앗은 날개를 가지고, 어떤 씨앗은 공기 중으로 더 잘 날아가려고 솜털이 덮여 있고, 또 어떤 씨앗은 갈고리를 가지고 있어서 사람들이 씨앗을 스칠 때 달라붙어 멀리 옮겨 가지요.

어떻게 씨앗이 날까요?

씨앗은 단풍나무의 씨앗처럼 날개를 가지기도 하고, 민들레처럼 낙하산을 가지기도 하며, 옻나무의 씨앗처럼 헬리콥터 날개를 만들기도 해요. 솜을 만드는 씨앗들은 천사의 날개처럼 털이 난 경우가 많고, 클레마티스(참으아리속)의 씨앗은 새처럼 깃털을 가지고 있어요. 초원을 뒤덮은 잡초의 씨앗처럼 날아다니는 양탄자를 가진 경우도 있어요.

쥐손이풀은 어떻게 씨앗을 뿌릴까요?

쥐손이풀의 씨앗은 식물의 중앙 버팀대인 작은 줄기 끝에 달려 있어요. 비가 자주 내리지 않는 여름이면 줄기는 마치 활처럼 구부러져요. 씨앗이 밖으로 나갈 준비가 되면 이 작은 활 모양의 줄기는 빠른 속도로 펴지면서 마치 포탄처럼 씨앗들을 발사해요.

어떻게 수련은 에어백을 이용할까요?

수련의 열매는 다 익으면 물속 깊은 곳으로 떨어져요. 열매는 거기서 썩으면서 작은 에어백으로 둘러싸인 씨앗을 내려놓지요. 그러면 씨앗은 수면으로 떠올라 물의 흐름에 따라 흘러가요. 멀리 떠내려간 씨앗은 물고기나 나무 조각에 스치면서 에어백의 공기가 빠지고 싹을 틔우기 위해 그 속에서 빠져나와요.

왜 양귀비는 소금을 치듯이 씨앗을 뿌릴까요?

양귀비의 씨앗은 먼지처럼 부드러워요. 둥글게 생긴 양귀비의 윗부분은 구멍이 뚫려 있어요. 산들바람이 불면 양귀비는 수백만 개의 작은 씨앗들을 주변에 흩뿌리지요. 그것을 본 미국인 프랑스(R. H. France)는 20세기 초에 우리가 지금 사용하는 소금통의 모양을 발명했어요.

왜 야자나무는 사막의 섬에서 자랄까요?

야자나무는 코코넛 열매 덕분에 수십 킬로미터나 떠다닐 수 있고 고립된 큰 강까지 도달할 수 있어요. 코코넛 열매는 꽤 무겁지만, 마치 튜브처럼 구멍이 뚫려 있어요. 섬유질과 공기를 많이 함유한 코코넛 열매의 살은 쉽게 갈라지며 열매의 껍질은 방수가 되지요. 코코넛의 열매가 해안가에 떨어지면 열매는 메마른 모래 땅에 씨앗을 떨구고 싹을 틔워 자라기 위해 자신의 과즙을 이용한답니다.

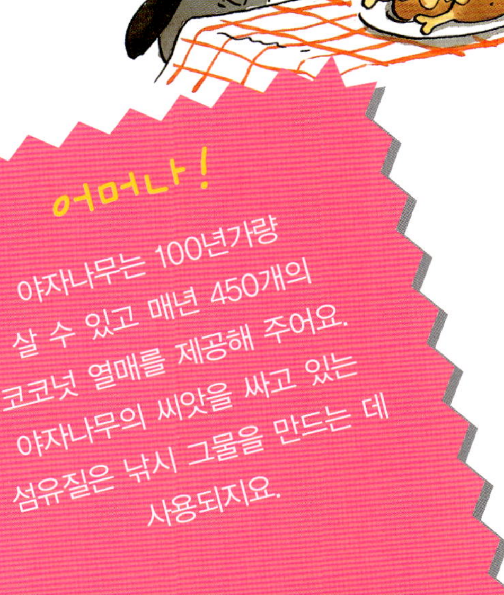

지르며 열매를 뭉개 버리지요. 그때 밖으로 나온 씨앗이 싹 트면서 나무껍질에 구멍을 뚫어 뱀파이어처럼 나무의 수액을 빨아먹으며 영양분을 얻는답니다.

보리는 어떻게 퍼질까요?

다른 곡식들처럼 보리의 껍질에는 기다란 수염이 붙어 있어요. 그것 말고도 꺼끄러기라고 하는 낟알 껍질에 붙은 수염도 있어요. 짓궂은 장난을 치려면 친구의 옷소매에 밀 이삭을 넣어 보세요. 그러면 밀 이삭의 꺼칠꺼칠한 껍질이 친구의 몸을 긁으면서 팔을 따라 올라갈 거예요. 밀 이삭은 땅에 그냥 놓아두어도 마찬가지로 기어오른답니다.

어떻게 겨우살이가 가지로 올라갈까요?

겨우살이는 통통하고 먹음직스러운 열매를 가지고 있지만 사실 이 열매는 끈적끈적해요. 겨우살이들은 껌처럼 새의 부리에 달라붙어요. 그것을 떼어 내려고 새는 가지에 부리를 문

왜 주목은 빨간 두건을 쓸까요?

주목의 씨앗들은 빨간색 모자를 머리에 쓰고 있어요. 그것을 헛씨껍질이라고 해요. 헛씨껍질의 달콤한 속살은 티티새를 유혹하지만, 사실 씨앗은 맛이 쓰기 때문에 티티새를 쫓아 버려요. 그래서 티티새들은 씨앗은 건드리지 않고 헛씨껍질의 달콤한 속살만을 먹으려고 하지요. 하지만 그렇게 하기가 쉽지는 않아요. 티티새는 헛씨껍질의 끝부분을 분리하려고 애쓰다가 싹이 나려고 기다리는 씨앗 부분을 부리로 건드리곤 해요.

제비꽃의 씨앗은 어떻게 개미에 의해 뿌려질까요?

제비꽃 역시 자신의 씨앗을 달콤한 헛씨껍질로 덮고 있어요. 입맛이 까다로운 개미들은 제비꽃 씨앗을 모아 집으로 가져가려고 하지요. 그런데 헛씨껍질의 맛이 매우 좋아서 집에 도착하기도 전에 먹어 버리고 말아요. 개미들은 대식가처럼 헛씨껍질을 먹어 치우면서 제비꽃의 씨앗을 곳곳에 남겨 놓지요. 그렇게 씨앗이 개미들에 의해 뿌려지는 거예요.

왜 악마의 발톱은 그토록 요란하게 씨를 뿌릴까요?

남아프리카에서 자라는 가시 덤불은 자신의 씨앗을 두 개의 긴 갈고리를 가진 날카롭고 구부러진 껍질에 숨겨 놓아요. 껍질은 땅에 떨어지면 이동하기 위해 동물들의 발에 박히기를 기다리지요. 이 침 같은 껍질에 찔린 불쌍한 동물들은 발버둥치면서 날뛰고, 그 흔들림으로 인해 씨앗이 밖으로 나오지만, 덩굴손은 계속 동물의 발에 남아 있어요.

어떻게 새들이 식물에게 도움을 줄까요?

어떤 식물에게는 새들을 유혹하는 먹음직스러운 빨간 열매가 있어요. 새들이 그 열매를 맛있게 먹으면 열매의 씨앗은 새의 위 속에 남게 되지요. 새의 위에 남은 씨앗은 소화 과정을 거치면서 겉을 싸고 있던

질긴 껍질이 벗겨져요. 그렇게 껍질이 제거된 씨앗은 자신에게 매우 좋은 비료 역할을 해주는 새의 배설물과 함께 밖으로 나와요.

과일

꽃을 피우는 모든 식물의 씨앗은 열매 안에 숨어 있어요. 열매는 씨앗을 보호하는 역할을 하는 한편, 예쁜 색과 달콤한 맛으로 생물들을 유혹하지요. 열매는 과육이 발달한 형태에 따라 네 종류로 분류할 수 있어요.

- 첫 번째는 과육이 많은 핵과로 중심부에 한 개나 여러 개의 단단한 씨가 있어요. 예로 복숭아와 살구, 체리 등이 있어요.

- 두 번째는 장과로 수분이 많은 작고 둥근 열매로 여러 개의 씨앗을 가지고 있어요. 예로 포도와 키위 등이 있어요.

- 세 번째는 견과로 외피가 단단하고 먹을 수 있는 부분은 곡류나 콩 종류처럼 떡잎에서 이루어진 것인데, 밤, 호두, 잣 등이 여기에 속해요.

- 네 번째는 인과로 꽃턱이 발달하여 과육을 형성한 것으로 사과, 배 등이 여기에 속해요

왜 딸기를 과일이라고 하면 틀린 말일까요?

딸기의 속을 들여다보면 안에 씨앗이 없어요. 오히려 딸기는 초록색 씨앗들이 표면에 콕콕 박혀 있지요. 그러니까 진짜 과일 열매는 바로 이 씨앗들이랍니다. 딸기는 열매가 열리지 않는 식물로 우리가 맛있게 먹는 딸기는 단지 꽃이 변화한 거예요.

왜 파인애플은 이상하게 생겼을까요?

파인애플은 나무의 가지가 변형되어 생긴 거예요. 파인애플 역시 자신의 씨앗을 겉껍질에 드러내 놓지요. 그러니까 파인애플도 딸기와 마찬가지로 가짜 과일인 셈이랍니다.

왜 사과도 가짜 과일일까요?

사과는 씨앗을 가지고 있기는 해요. 하지만 깊숙한 속에 숨겨 놓지요. 이 숨겨진 것이 바로 진짜 과일인데, 우리는 절대로 그 부분을 먹지 않아요. 우리가 먹는 사과의 살은 씨앗을 감싸고 있는 껍질에 불과해

요. 식물들은 진화하면서 점점
더 자신의 씨앗을 보호하려는
경향을 보여요. 우리가 부모님
의 보호를 받으며 함께 사는
것처럼 말이에요.

왜 과일의 씨앗은 과일 안에서 싹이 트지 않을까요?

그것은 과일에 있는 즙 때문이
에요. 과즙은 씨앗의 성장을
막는 산성 물질을 함유하고 있
어요. 게다가 과일의 속은 당
분이 너무 많아서 씨앗이 물을
흡수하지 못해요.

왜 복숭아씨는 그렇게 단단할까요?

그것은 씨앗을 더 잘 보호하기
위해서예요. 복숭아와 살구,
체리의 씨는 진짜 단단해요.
그래서 새가 모르고 씨를 공
격하다가는 부리를 다치게 되
지요.

어떤 과일들은 서로 고여 있는
것을 좋아해요. 그런 과일들은
단단하고 커다란 씨보다는 날
렵하고 작은 여러 개의 씨를
모아 가지고 있어요.

과일이 새에게 먹히지 않고 썩
기 시작하면 그 속에 든 씨앗
들은 더 빠른 속도로 퍼져 나
간답니다.

왜 지하 저장고에서는 모든 과일이 같은 속도로 익을까요?

사람들은 겨울이 되면 사과와
배를 지하 저장고에 보관해요.
이 과일들은 익어 가면서 가스
를 방출하지요. 만약 익지 않
은 바나나를 지하 저장고에 사
과와 배 옆에 놓아두면 바나나
는 그들이 내뿜는 가스를 받아
빠른 속도로 익게 되지요.

나무

- 나무는 다른 식물들보다 훨씬 크고 더 오래 사는 식물이에요. 나무는 높이에 따라 다르게 불러요. 8m 이상인 것을 '교목'이라고 하고, 그 이하인 것을 '소관목'이라고 부르지요. 또 높이가 2m 이내이고 여러 개의 가지가 달려 있어 원줄기와 가지의 구분이 분명하지 않는 것을 '관목'이라고 해요.

- 또한 가을이 되면 나뭇잎이 힘없이 떨어지는 나무와 그렇지 않은 나무를 구분하지요.

- 떡갈나무는 40m까지 자랄 수 있어요. 50년 동안 자라고, 어떤 나무는 2,000~4,000년까지 살 수 있어요.

어떻게 나뭇잎이 노랗게 변할까요?

나뭇잎은 작은 줄기와 연결되어 나뭇가지에 달려 있어요. 줄기와 나뭇잎이 연결된 부분을 잎자루라고 해요. 가을이 오면 나무의 잎 꼭지는 코르크 재질로 덮여요. 그러면 잎사귀들은 숨이 막히듯이 수액을 빼앗기게 되지요. 물이 없으면 광합성을 할 수 없기 때문에 잎이 노랗게 변해요.

왜 나무껍질이 벗겨질까요?

나무의 줄기는 성장을 멈추지 않아요. 나무가 계속 자라면 좁아진 껍질이 깨지고 조각나게 되지요. 종려나무는 위로만 자라는 유일한 나무로 옆으로는 자라지 않아요. 그래서 종려나무의 껍질은 절대 벗겨지지 않는답니다.

어떻게 나무의 나이를 알 수 있을까요?

나이테를 세어 보면 알 수 있어요. 주의할 점은 일 년에 나이테가 두 줄씩 자란다는 거예요. 봄에 나타나는 선명하지 않은 나이테는 작은 수액 관을 많이 가진 부드러운 나무들에서 볼 수 있고, 늦여름에 나타나는 선명한 나이테는 섬유질을 많이 함유한 나무에서 볼

수 있어요. 폭이 좁은 나이테는 그 해에 나무가 잘 자랄 수 없을 만큼 건조했음을 뜻해요.

왜 나뭇잎은 대부분 가을이 되면 떨어질까요?

차가운 땅에서는 물이 천천히 흐르기 때문에 나무가 뿌리를 통해 물을 끌어올리려면 많은 노력이 필요해요. 너무 힘이 들기 때문에 나무는 겨울 동안 물을 절약하려고 하지요. 가장 좋은 방법은 땀을 흘리고 물을 많이 사용하는 나뭇잎을 떨어 뜨리는 거예요.

왜 나무의 몸통은 살아 있어도 죽은 상태일까요?

살아 있는 나무는 죽은 나무 사이에 샌드위치처럼 끼어 있어요. 나무의 껍데기인 코르크 부분은 살아 있는 줄기를 보호하는 역할을 해요. 이 코르크에는 세균을 죽이는 탸닌 성분이 들어 있어서 미생물이 살지 못해요. 그 아래 있는 백목질은 수관을 통해 수액이 이동하는 곳이에요. 또 그 아래에는 심재라는 부분이 있어요. 심재는 코르크와 마찬가지로 생명 활동을 하지 않는 죽은 부분으로, 매우 단단해서 나무의 기둥 역할을 하지요.

왜 나무의 꽃은 눈에 띄지 않을까요?

많은 나무가 바람에 의해 꽃가루를 뿌려요. 그래서 나무의 꽃은 곤충들을 유혹할 필요가 없기 때문에 꽃잎도 향기도 없어요. 사람들은 나무의 꽃을 '새끼고양이' 라고 불러요. 어떤 나무는 수컷 새끼고양이를, 어떤 나무는 암컷 새끼고양이를 가지고 있어요.

수컷 새끼고양이들은 눈에 잘 띄게 길게 늘어져서 꽃가루를 많이 날려 보내요. 밤나무는 꽃 한 개당 꽃가루를 4천만 개나 뿌린답니다.

침엽수

- 침엽수는 다른 나무들이 나타나기 전인 2억 8천만 년 전에 지구에 등장하기 시작했어요. 사람들은 침엽수 중에서 가장 크고 오래 사는 나무에게 최고의 가치를 부여하지요.

- 침엽수는 겉씨식물이라고 불러요. 침엽수의 씨앗이 열매에 의해 보호되지 않고 겉으로 드러나 있기 때문이에요. 전 세계적으로 750여 종의 침엽수가 존재해요.

- 북아메리카와 아시아의 툰드라 지역에 분포하는 침엽수림 지대는 지구상에 존재하는 숲의 3분의 1을 차지해요.

왜 침엽수는 피라미드 모양일까요?

왜냐하면 침엽수가 자라는 추운 지역에서 엄청나게 쏟아지는 눈의 무게를 견디기 위해서예요. 피라미드 모양으로 생겼기 때문에 폭설이 내리더라도 가지에 그리 많이 쌓이지는 않아요.

왜 소나무 숲에서는 빠지직 소리가 날까요?

소리를 내는 것은 바로 솔방울이에요. 여름에 날씨가 더워지면 소나무의 솔방울에 붙어 있던 껍질이 안에서부터 빠져나와요. 비늘 같은 껍질이 떨어지면서 씨앗이 밖으로 나오는 거예요. 봄에는 날씨가 충분히 덥지 않기 때문에 솔방울이 나오지 않아서 소나무 숲에 가더라도 솔방울을 주워 모을 수 없어요.

왜 남양삼나무는 아픈 상처를 남길까요?

크고 두껍지만 가장자리가 마치 면도날처럼 날카로운 남양삼나무의 잎사귀 때문이에요. 그래서 이 나무에 기어오르려는 원숭이의 몸이 소시지 조각처럼 잘리게 되지요. 그 때문에 남양삼나무에게 '원숭이의 절망' 이라는 별명이 붙여졌어요.

왜 침엽수는 잎보다 침이 많을까요?

침엽수는 날씨가 매우 덥고 건조한 땅이나 추운 지역에서 자라는 나무들이에요. 그래서 여러 가지를 절약하기 위해 침 같은 모양을 하게 되었지요. 잎이 침처럼 길고 좁기 때문에 숨을 쉴 때 물을 적게 소비해요. 침엽수의 잎들은 눈과 추위로부터 자신을 보호하기 위한 물질로 덮여 있어요. 그리고 유연성이 있기 때문에 세찬 바람이 불어와도 두려워하지 않아요.

어떻게 전나무와 독일가문비를 구분할까요?

사람들은 이 두 나무를 자주 혼동해요. 우리가 전나무라고 생각하고 크리스마스트리로 많이 사용하는 나무는 사실 독일가문비예요. 이 둘을 구분하기 위해서는 침 모양을 살펴봐야 해요. 전나무의 침은 푸른 빛이 도는 초록으로 마치 빗처럼 잔가지의 끝에 줄지어 달려 있어요. 독일가문비의 침은 잔가지 주위에 나선형으로 나 있고, 전나무의 침보다 색이 어두워요. 독일에는 침 색깔이 어두운 독일가문비 때문에 '검은 숲' 이라고 불리는 숲이 있대요.

왜 낙엽송은 침엽수인데 잎이 질까요?

낙엽송(일본잎갈나무)은 매우 높이 자랄 수 있는 나무예요. 산 속의 추위와 눈과 바람을 견디기 위해 스스로 자신을 자르는 방법을 택했지요. 9월이 되면 낙엽송의 잎이 모두 떨어져 아무것도 남지 않아요. 하지만 줄기 안은 따뜻하기 때문에 추운 겨울을 걱정 없이 잘 견딜 수 있지요.

식물의 공격

- 공격할 수도 없고 달아날 수도 없는 식물들은 스스로를 보호하기 위해 특별한 무기를 만들었어요. 장미는 가시가 돋고, 엉겅퀴도 뾰족한 침으로 몸을 감싸고 있지요. 쐐기풀을 만지면 화상을 입고, 주목은 독을 지니고 있어요.

- 식물의 세계에서 가장 널리 알려진 독은 호흡곤란을 일으키는 시안화물(청화물)이에요. 매우 쓴 아몬드 냄새를 풍기며, 협죽도, 체리, 복숭아, 살구의 씨앗에 들어 있어요.

왜 나무딸기는 날카로울까요?

나무딸기는 긴 문어발처럼 줄기를 퍼뜨리면서 땅 위에서 자라요. 줄기를 덮고 있는 가시들은 줄기가 자라는 길목에 있는 다른 식물들을 없애고, 태양빛을 받기 더 좋은 곳으로 길을 개척하며 뻗어 나가지요.

어떻게 클로버는 양이 새끼를 낳지 못하게 막을까요?

오스트레일리아에는 양이 너무 많아요. 양떼는 초원을 다니며 풀을 아주 많이 먹어요. 그래서 사람들은 유전적으로 암양이 새끼를 낳지 못하게 만드는 물질이 들어 있는 클로버(토끼풀)를 길러요. 암양들이 풀을 많이 뜯어 먹을수록 새끼를 덜 낳게 되는 거예요.

어떻게 아카시아는 영양을 굶주리게 할까요?

영양이 아카시아의 잎을 공격하면 나무는 가스를 뿜어요. 이 사실을 아는 다른 동물들은 쓴 물질인 타닌이 나오기 전에 재빨리 잎사귀를 배불리 먹지요. 타닌 성분은 소화가 되지 않고 영양의 위를 아프게 해요. 그래서 영양들은 아카시아 잎을 먹지 않고 굶기도 하지요. 아카시아 잎을 먹고 아픈 것보다 차라리 굶어 죽는 게 낫다고 생각하나 봐요.

왜 쐐기풀을 만지면 화상을 입을까요?

쐐기풀에는 털이 나 있어요. 하지만 털이 주사기 역할을 하는 사실은 잘 모르지요. 털 안에는 살을 태울 수 있는 액체가 들어 있어요. 쐐기풀의 털을 살짝 건드리면 액체가 나와 톡 쏘는데 매우 아프답니다!

왜 십자화과는 톡 쏘는 겨자 성분을 가지고 있을까요?

십자화과는 십자가 모양을 한 네 개의 작은 꽃잎이 달린 아주 먹음직스럽게 생긴 식물이에요. 자신을 보호하기 위해 목구멍을 타게 하는 물질을 만들지요. 이 물질은 사람을 제외한 모든 동물에게 작용해서 먹으면 고통을 느껴요. 사람들은 이 물질로 겨자를 만들어요.

어떻게 꽃시계덩굴은 애벌레와 싸울까요?

나비는 알을 꽃시계덩굴(시계꽃)의 잎에 낳는 것을 좋아해요. 왜냐하면 꽃시계덩굴의 잎이 부드러워서 나비의 애벌레들이 좋아하기 때문이에요. 하지만 꽃시계덩굴은 그렇게 하도록 그냥 내버려두지 않아요. 줄기를 따라 꽃 아래쪽에 달콤한 꿀 성분을 숨겨 놓으면 개미들이 재빨리 꽃시계덩굴로 와서 자리를 잡고 숨겨진 꿀을 찾기 시작해요. 꽃시계덩굴은 잔인하게도 자신의 잎을 유연하고 날카로운 털로 뒤덮어요. 시간이 지나 알에서 깨어 나온 애벌레는 이 꼬챙이들을 보고 한 발자국도 움직이지 못해요.

어떻게 산토끼꽃은 민달팽이를 물에 잠겨 죽게 할까요?

산토끼꽃의 잎은 다발로 모여 있어요. 그래서 비가 내리면 마치 술잔처럼 그 안에 빗물이 고이지요.

그래서 사람들은 '새들의 술집'이라는 별명을 붙여 주었어요. 하지만 민달팽이(괄태충)와 달팽이 그리고 작은 벌레들은 이 술집에 초대받지 못해요. 그래서 그들은 높이 달린 더 부드러운 잎을 먹기 위해 위쪽으로 올라가려다가 술잔에 떨어져 잠기게 되지요.

왜 미모사는 그토록 소심할까요?

미모사는 자신을 보호하기 위한 독도, 가시도, 털도 가지고 있지 않아요. 미모사는 굉장히 예민한 식물이에요. 잎사귀만 살짝 스쳐도 미모사는 나비의 날개처럼 잎사귀를 하나씩 하나씩 접어 올리지요. 다른 생물들이 자신의 잎에 알을 낳지 못하게 하고 그들에게 먹히지 않기 위해서예요. 이것이 미모사의 최대 무기이자 수줍게 보이는 원인이랍니다.

왜 호두나무는 항상 혼자서 싹을 틔울까요?

호두나무는 자신의 잎과 뿌리로 주글론이라는 물질을 내보내요. 이 물질은 다른 식물의 발아를 막아요. 비가 내리면 이 독성 물질이 빗물에 떠내려가 다른 식물의 잎사귀에 닿고 땅속으로 흡수되어 땅을 오염시키지요. 그러니까 호두나무는 그리 반가운 이웃은 아니에요.

어떻게 세크로피아는 개미집이 되어 줄까요?

많은 식물들이 스스로를 보호하기 위해 개미들과 우호조약을 맺어요. 열대지역의 나무인 세크로피아는 개미들을 끌어모으려고 마치 자신이 개미들의 진짜 집인 것처럼 변신하지요. 세크로피아는 먼저 자신의 모든 가지에서 스며 나오는 달콤한 물을 가지고 개미들을 유혹해요. 달콤한 냄새에 이끌린 개미들은 빠르게 나무 위를 다니다가 칸막이로 나뉘어 있는 작은 구멍들을 발견하지요. 그러고는 거기로 이사를 와서 아기 방도 만들고 부엌과 곡식 창고도 만들어요. 또한 칸막이에도 구멍이 뚫려 있기 때문에 밖으로 나가지 않고서도 다른 구멍으로 이동이 가능해요. 한편 나무늘보는 물 대신 즙이 많은 세크로피아의 잎을 즐겨 먹으며 수분을 보충해요.

왜 떡갈나무는 도토리를 떨어뜨릴까요?

많은 곤충들이 떡갈나무에 알을 낳아요. 유충이 깨어나 도토리와 잎을 먹으면서 영양분을 얻도록 말이에요. 하지만 떡갈나무도 가만히 있지는 않아요. 유충이 있는 자리에 도토리를 틔우지요. 도토리 안에 영양분이 들어 있기 때문에 유충들은 그 속에 들어가 맛있게 먹어요. 그러면 떡갈나무는 유충이 들어 있는 도토리를 아래로 떨어뜨리지요. 도토리를 잃는 대신 나뭇잎을 지키는 거예요.

어떻게 미국 아카시아는 적으로부터 스스로를 보호할까요?

아카시아는 거대한 가시를 가지고 있지만, 그것이 다른 생물들이 아카시아를 먹지 못하도록 보호해 주지는 못해요. 그래서 아카시아는 불개미와 동맹을 맺었어요. 아카시아는 개미에게 속이 빈 자신의 가시를 숙소로 제공하고 가시 내부에 달콤하고 맛있는 물을 남겨 놓지요. 아카시아 잎에는 꿀을 만들어 내는 샘이 있어요. 그뿐 아니라 아카시아는 자신의 친구인 불개미들을 위해 지방 덩어리와 단백질도 만들어 낸답니다.

식충식물

- 좋지 않은 명성에도 불구하고 식충식물(벌레잡이식물 또는 육식식물이라고도 함)들은 광합성을 통해 산다는 점에서 다른 식물들과 비슷해요. 식충식물들은 모래와 돌처럼 영양분과 비타민이 거의 들어 있지 않은 나쁜 토양에서 자라요. 그래서 시들어 죽지 않기 위해 작은 동물들을 잡을 수 있는 덫을 만들게 된 거예요.

- 식충식물은 커다란 동물은 먹지 않아요. 사람은 물론이고요! 이 식물들은 단지 곤충들과 작은 도마뱀, 쥐, 새 등을 소화시킬 수 있어요.

왜 벌레잡이제비꽃은 항상 게걸스럽게 먹지는 않을까요?

벌레잡이제비꽃은 끈끈한 식물로 자신의 잎사귀에서 느리게 움직이는 먹이들을 잡아먹어요. 봄이 되면 벌레잡이제비꽃은 친절하게 변해서 높은 줄기에 달린 꿀이 가득 찬 꽃을 곤충들에게 제공하지요. 곤충들이 꽃 위에 있는 꽃가루에 앉아 꿀을 먹음으로써 아기 벌레잡이제비꽃이 태어나게 되는 것이랍니다.

왜 끈끈이주걱은 빛이 날까요?

끈끈이주걱을 빛에 비추어 보면 빛나는 물방울로 장식된 붉은색 털로 덮인 것을 볼 수 있어요. 곤충들이 이 물방울에 주둥이를 갖다 대면 마치 빨판에 달라붙듯이 딱 붙게 되지요. 털들은 이전에는 그냥 작은 털이었지만, 달라붙은 곤충들을 먹고 소화시키기 위해 휘면서 움직이기 시작해요.

어떻게 벌레잡이풀은 자신의 먹이를 미끄러지게 할까요?

벌레잡이풀의 줄기 끝에는 나팔 모양의 물 항아리처럼 생긴 것이 달려 있어요. 그 가장자리에는 맛있지만 미끄러운 꿀이 숨겨져 있지요. 곤충들이 그곳에 자리를 잡으면 꿀 때문에 미끄러져서 나팔 모양의 물 항아리 속으로 떨어지게 돼요. 그곳은 바로 소화액이 나오는 위 같은 부분이에요.

끈끈이대나물의 턱뼈는 어떻게 작동할까요?

끈끈이대나물은 마치 늑대를 잡는 덫처럼 생겼어요. 이 식 물의 잎은 두 개의 날개처럼 열려 있지요. 잎에는 꿀이 가 득 차 있고 향기를 풍기면서 곤충들을 자기도 모르게 이끌 려 오도록 유혹하지요. 각각의 잎에는 세 개의 뻣뻣한 털이 나 있어요. 예를 들어 물방울 이 세 개의 털 중 하나를 건드

리면 끈끈이대나물은 움직이 지 않아요. 하지만 두 개의 털 이 동시에 건드려지면 그것은 곤충이 분명하기 때문에 열린 잎이 닫히지요. 끈끈이 대나물의 잎의 가장자리는 톱니바퀴처럼

딱 들어맞게 되어 있어요.

어떻게 통발은 자신의 먹이를 빨아들일까요?

통발은 물속에서 살아요. 잎 은 평평하고 비어 있는 작은 그릇 모양이에요. 통발에는 작고 예민한 털로 덮인 구멍 이 있어요. 갑각류가 헤엄을 치다가 이 털들 중 하나를 건 드리면 500분의 1초 만에 그 릇처럼 생긴 잎사귀의 입구가 커지면서 순식간에 물이 들어 와요. 갑각류는 손쓸 사이도 없이 통발 안으로 들어가 소 화되지요.

난초

- 난초는 꽃을 피우는 식물들 가운데 가장 많은 가족을 형성하고 있어요. 난초의 꽃은 아름다워서 매우 유명하고 인기도 많아요. 난초는 지구의 역사상 늦게 출현했고, 그만큼 많이 진화된 식물이에요. 난초는 온화한 기후와 열대지방의 숲, 심지어 공기 중에서도 피어나요. 전 세계의 어디에서나 필 수 있다는 뜻이에요.

- 난초는 세 개의 꽃잎을 가지고 있어요. 그중 가운데 있는 꽃잎을 순판이라고 부르는데, 그것은 아래쪽을 향해 있고 곤충들의 착륙장처럼 생겼어요.

어떻게 난초가 공기 중에서 필까요?

어떤 난초는 굉장히 유연한 줄기를 가지고 있어요. 그래서 줄기가 마치 팔처럼 나무에 묶여 있지요. 그런 난초의 뿌리는 공기 중에 나와 있고 안개와 빗물을 마시는 스펀지처럼 생겼어요. 그런 난초들은 열대지방에서 많이 볼 수 있어요.

왜 어떤 난초는 곤충의 모양을 하고 있을까요?

흑란의 경우가 그래요. 흑란은 등쪽에서 본 암컷 벌의 모습과 비슷해요. 마치 진짜 벌처럼 줄무늬가 있고 털과 더듬이, 날개 모양도 있지요. 수컷 벌이 이렇게 생긴 난초를 만나면 암컷 벌인 줄 착각하고 자신의 몸을 문질러요. 그렇게 해서 난초는 자신의 꽃가루를 벌에게 묻히는 거예요.

어떻게 난은 싹이 틀까요?

2세기 전쯤 탐험가들이 난을 발견했을 때, 모든 정원사가 난초를 갖고 싶어했어요. 하지만 씨앗을 어떻게 싹 틔워야 하는지는 몰랐어요.

난초가 싹을 틔우기 위해서는 땅속에 머물면서 난의 뿌리 속으로 침투할 버섯이 필요해요. 버섯과 난은 서로에게 영양분을 공급해 주지요.

왜 '비너스의 나막신'은 인기가 많을까요?

노란 레몬 모양의 '비너스의 나막신(개불알꽃)'이라는 난은 유럽에서 가장 예쁘고 큰 난초예요. 난초의 아름다움은 귀여운 나막신을 닮은 꽃봉오리의 끝에서 나오지요. 바로 그 끝에 향기 나는 갈색 반점이 있어서 나막신 안으로 떨어지고 싶지 않은 벌들을 유혹해요. 벌들이 꽃 안에서 다시 나오기 위해서는 자신의 배에 꽃가루를

묻혀야 하지요. 꽃가루를 묻힌 벌들은 다른 비너스의 나막신으로 옮겨 가요.

야생 난초는 어떻게 여행을 할까요?

야생 난초와 정원에서 볼 수 있는 평범한 난초를 자세히 살펴보면 뿌리 끝에 커다란 두 개의 구근이 달린 것을 볼 수 있어요. 한 개는 탱탱하고 한 개는 시들어 있지요. 해마다 야생 난초는 오래된 구근 옆에 새 구근을 만들어요. 오래된 구근은 자신을 희생하면서 어린 구근에게 영양분을 주어 자라게 하지요. 오래된 구근은 속이 비고 수척해져서 죽게 돼요.

그것이 바로 매년 야생 난초가 몇 센티미터씩 앞으로 나아가는 이유랍니다. 하나의 구근에서 새로운 다른 구근으로 길을 떠나는 거예요.

어떻게 카타세툼은 벌을 K.O. 시킬까요?

다른 종류의 난초처럼 카타세툼의 꽃가루는 두 개의 작은 볼록한 덩어리로 되어 있어요. 이 꽃가루 덩어리는 꽃의 윗부분에 우뚝 솟아 있지요. 카타세툼은 이 부분을 매우 활발하게 사용해요. 벌이 꽃에 올라오면 꽃가루 덩어리를 무기 삼아 종종 벌을 때려눕힌답니다.

식용식물

곡류는 식품으로 먹는 식물들 중에서 가장 잘 알려져 있어요. 밀은 9,000년 전부터 사람들에 의해 재배되어 왔어요. 쌀은 4,000년 전부터 재배되었으며 지구에 사는 전체 인구의 3분의 1이 먹고 있지요. 보리는 맥주를 만드는 데 쓰이고, 귀리는 가축의 사료로 쓰여요.

곡류는 벼과(또는 화본과) 식물에 속하고, 약 7백여 종이 있어요. 이들의 단단한 씨앗은 껍질에 싸여 있어요.

세상에는 꼬투리가 맺히는 2만여 종의 유협식물이 있어요. 이런 식물의 열매는 깍지 모양을 하고 있어요.

왜 해바라기는 계속 돌아다닐까요?

여름날 아침에 해바라기를 보면 움직이는 것을 볼 수 있어요. 해바라기의 커다란 화관(꽃부리)은 하늘에 떠 있는 태양을 따라다니지요. 그것은 해바라기의 씨앗이 태양빛을 잘 받아 기름을 만들어 내기 위해서예요. 9월이 되면 해바라기는 곱사등이처럼 구부러지지요. 씨앗들이 무거워져서 아래로 처지기 때문이에요. 씨앗이 다 익으면 해바라기는 땅으로 떨어져요. 씨앗을 모두 내려놓고 지쳐서 죽는 거예요.

어떻게 밀은 시간이 가면서 옷을 벗을까요?

사람들이 처음 재배하기 시작했을 때 밀은 큰 몸통을 따라 싹을 틔워서 이삭에 박힌 씨앗을 빼내기가 어려웠어요. 씨앗은 벗기기 힘들게 봉투에 싸여 있었지요. 그래서 씨앗을 꺼내려면 밀을 두드리고 때려야 했는데, 그 작업은 굉장히 피곤했어요. 어느 날 사람들은 밀을 다른 종류의 독일 밀과 결합하는 방법을 생각해 냈어요. 그 밀의 씨앗은 봉투에 싸여 있지 않고 몸통도 짧아서 베기도 쉬웠어요. 오늘날에도 사람들은 밀가루를 만드는 데 이 밀을 사용해요. 또한 질 좋은 밀은 빵이나 과자를 만드는 데 쓰여요.

왜 바닐라는 항상 도움의 손길을 필요로 할까요?

바닐라는 홀로 아기 바닐라를 만들어요. 바닐라의 꽃가루가 스스로 꽃의 암술에 묻어 수분이 되는 거예요. 하지만 그러기 위해서는 벌새의 도움이 꼭 필요해요. 꿀을 모으기 위해 바닐라로 날아온 벌새는 바닐라의 암술과 수술을 가르는 얇은 막을 걷어 내고 꽃가루를 묻혀 주지요. 이 벌새들은 열대지방의 정글에서 날아와요.

만들기 위해 농부들은 꽃상추의 잎이 적당히 성장하면 묶어서 일정 기간 동안 내부의 잎이 빛을 보지 못하도록 어두운 곳에서 재배하기 시작했어요. 태양빛으로부터 격리되기 때문에 꽃상추는 마치 흰색 알약처럼 창백한 색을 띠게 되지요. 하지만 그렇게 해서 꽃상추의 맛이 덜 쓰고 연하게 된 것이랍니다.

오래전부터 사람들은 벌새의 도움 없이 바닐라를 재배하려고 애썼지만 실패했어요. 그러던 어느 날 한 노예가 긴 대나무 막대기를 능수능란하게 다루면서 벌새의 역할을 대신할 방법을 찾게 되었어요. 그때부터 바닐라는 정글에서뿐만 아니라 먼 곳에서도 재배할 수 있게 되었지요. 하지만 여전히 사람의 손길을 필요로 하기 때문에 바닐라는 드물고 비싼 식물이에요.

왜 꽃상추는 안색이 좋지 않을까요?

자연 상태의 꽃상추는 진한 녹색을 띠고 맛이 매우 써요. 이 식물을 먹을 수 있도록

어머나!

땅콩 한 움큼은 같은 양의 비프스테이크보다 더 많은 단백질과 비타민, 무기질과 소금을 함유하고 있어요. 그러니까 땅콩 많이 드세요!

정원

- 정원은 우리에게 친근한 꽃들이 모여 있는 곳이에요. 세계 곳곳에서 수집된 꽃들은 저마다의 아름다움을 뽐내며 자라요.

- 튤립은 터키에서 많이 들어와요. 튤립은 백합, 히아신스, 은방울꽃, 마늘, 양파, 염교처럼 백합과 식물에 속해요.

- 데이지는 수레국화, 일본에서 온 국화, 멕시코의 달리아와 같은 종에 속하는 꽃이에요.

왜 시클라멘은 절을 할까요?

가을이 되면 시클라멘의 줄기는 스스로 둥글게 말리면서 땅을 향해 구부러져요. 그것은 정원사에게 인사하기 위해서가 아니라 자신의 씨앗을 심기 위해서랍니다. 시클라멘의 꽃은 시들어도 열매는 줄기 끝부분에 남아 붙어 있어요. 이 부분이 스스로 동그랗게 말리면서 땅을 향해 뒤틀린 모양을 하게 되지요.

왜 국화는 무덤에 많이 바쳐질까요?

왜냐하면 국화는 프랑스의 명절 중 묘지를 방문하여 꽃을 바치는 만성절 바로 전인 10월에 피기 때문이에요. 다른 꽃들이 질 때 피는 이 이상한 꽃은 빛을 싫어하지요. 국화는 낮이 짧고 밤이 긴 계절을 좋아해요. 그래서 국화는 성가신 불빛이 많은 집 안에서는 절대 꽃을 피우지 않아요.

왜 최근에 정리한 땅에서 나쁜 잡초들이 또다시 나올까요?

정원의 땅을 갈퀴로 파헤치다 보면 잡초들이 많이 나 있는 것을 볼 수 있어요. 장난꾸러기 녀석들이지요! 이 잡초들은 주위에서 재배되는 다른 식물들과 생명의 주기가 같아요. 잡초의 씨앗은 땅에 묻힌 채 정원사가 안락한 거처를 마련

의 꽃을 찾아볼 수 없어요. 여름에 피는 제비꽃은 매우 작고 창백해요. 또 향기도 없고 꽃잎도 벌어지지 않아요. 제비꽃은 자신의 꽃가루를 가지고 내부에서 스스로 수분하여 아기 제비꽃을 만들어요. 그 방법이 봄에 잘 이루어지지 않으면, 여름에는 꼭 이루어지니까 걱정할 필요가 없답니다. 그러니까 꽃이 한 번 피는 것보다는 두 번 피는 것이 훨씬 좋아요!

해 줄 때까지 기다렸다가 싹을 틔워요.

왜 제비꽃은 입이 무거울까요?

제비꽃은 일 년에 두 번 꽃이 피어요. 봄에는 빛나고 향기 나는 귀여운 종 모양의 꽃이 피지만, 여름에는 이 종 모양

왜 앵초는 성장이 빠를까요?

앵초는 매우 긴 꽃이라서 우리가 보는 부분은 단지 꽃의 표면에 불과해요. 사실 앵초는 땅속에 긴 관처럼 박혀 있어요. 그곳에서 앵초의 씨앗은 따뜻한 상태로 숨어 있지요.

산에서 3월에 나타나는 눈풀꽃과 4월에 피는 황수선, 가을에 피는 사프란과 콜키쿰도 앵초와 같은 모습이에요. 이런 식물들의 씨앗은 다른 식물의 씨앗보다 훨씬 빨리 영글기 때문에 날씨가 추워지는 것을 걱정할 필요 없어요.

초원

- 초원은 야생 꽃과 풀 들의 천국이에요. 정원의 꽃들보다 더 강인한 야생 꽃들 중에는 굉장히 끈질기고 강한 생명력을 지녀서 사람들로 하여금 종종 해로운 식물이라고 여겨지기는 것들도 있어요.

- 초원에 피어 있는 거대한 흰색 꽃다발은 산형꽃차례예요. 또한 초원에는 큐민과 코늄도 있어요. 둘 다 산형꽃차례에 속해요. 모두 죽음을 가져올 수 있는 식물인데, 사람들은 그것을 독이 없는 고수와 헷갈리기도 해요.

- 참소리쟁이의 씨앗은 싹이 트기까지 80년 동안이나 땅속에서 기다린답니다.

왜 잡초는 동물들이 뜯어먹어도 다시 자랄까요?

잡초는 마치 머리카락 같아요. 다른 식물의 잎사귀처럼 땅 위에 있는 줄기에서 돋아나지 않고 지표면에서 돋아나지요. 그래서 잡초는 사람들이 낫으로 베든지 동물들이 뜯어먹든지 아무런 상관이 없어요. 우리가 잡초를 굉장히 짧게 깎는다고 해도 잡초의 싹은 땅속에 묻혀 있기 때문에 완전히 없애기가 어려워요.

왜 새삼과 입을 맞추면 목숨을 잃을까요?

새삼의 줄기는 매우 유연한 작은 섬유 같아요. 껌처럼 잘 늘어나지요. 땅에서 나온 새삼은 마치 프로펠러처럼 공중에서 구불거려요. 그러다가 어떤 식물을 움켜쥐는 데 성공하면 줄기가 땅에서 떨어져 나가요. 새삼은 먹이가 된 식물의 수액을 들이마시면서 자신의 섬유를

그 식물 전체에 덮어씌워요. 그것을 보고 사람들은 새삼에 '악마의 머리카락'이라는 별명을 붙였어요. 새삼은 초원의 공포스러운 존재랍니다.

왜 들판의 별봄맞이꽃은 '날씨의 거울'이라고 불릴까요?

맑은 날씨가 예상되면 별봄맞이꽃(뚜껑별꽃)은 자신의 붉고 파란 큰 잎을 활짝 열어요. 반대로 날씨가 흐리면 꽃잎을 잎사귀에 반쯤 감추지요. 날씨가 나쁘면 별봄맞이꽃은 꽃잎들

왜 풀밭에는
알이 나타날까요?

폭풍우가 휩쓸고 간 풀밭에 때때로 지름이 50cm 이상 되는 둥글고 하얀 뭉치가 나타나요. 그것은 UFO가 아니라 말불버섯들이에요. 다 자란 말불버섯들은 주변에 1경 개가 넘는 일종의 작은 씨앗을, 다시 말해서 셀 수 없이 많은 포자를 뿌리지요. 불행인지 다행인지 이 말불버섯들은 드물게 볼 수 있는 희귀한 버섯이에요.

왜 초원의 포아풀은
숨바꼭질을 할까요?

포아풀의 귀여운 보라색 꽃은 특이한 능력을 가지고 있어요. 바로 갑자기 사라지는 거예요. 구름이 태양을 가리고 바람이 불어 온도가 낮아지면 꽃은 꽃잎을 닫아 버려요. 포아풀의 꽃은 너무 작아서 보이지 않게 되지요. 날씨의 변화가 심한 날에는 포아풀의 꽃은 절대로 열리지 않아요. 갑자기 쏟아지는 소나기가 꽃을 망가뜨릴 수도 있기 때문이에요.

을 완전히 닫아 놓아요. 그래서 날씨를 예상하려면 비 오기 전에 울어 대는 개구리를 관찰하듯이 별봄맞이꽃을 관찰하는 것도 매우 유용하지요. 하지만 주의하세요! 별봄맞이꽃은 독성을 지니고 있기 때문에 눈으로만 보아야 해요. 이 꽃은 $100m^2$의 면적당 500,000개의 씨앗을 만들어요. 꽃이 너무 잘 퍼지기 때문에 사람들은 별봄맞이꽃을 나쁜 잡초로 여기게 되었어요.

숲

숲은 냉혹한 세계랍니다. 숲 속에 있는 모든 식물은 자리를 잡고 태양빛을 잘 받기 위해 싸워야 해요. 아주 적은 종의 식물만이 숲에서 살아남을 수 있어요.

온화한 기후의 숲에는 커다란 나무들이 많아요. 너도밤나무, 떡갈나무, 전나무 등 활엽수와 침엽수가 섞여 있지요. 평평한 땅에는 작은 꽃들과 소관목, 히아신스와 찔레나무(들장미나무) 등도 있어요.

● 너도밤나무는 유럽의 숲에서 가장 흔히 볼 수 있는 나무예요.

● 1헥타르의 숲에서 대략 1백만 그루의 새로운 나무가 태어나요. 나무들은 그 숲에서 어른 나무가 될 때까지 100년 동안 자라지요.

어떻게 뿌리가 작은 너도밤나무가 그렇게 크게 자랄까요?

너도밤나무는 점토로 된 발을 가진 거인이에요. 나무의 뿌리는 매우 짧지만, 전혀 상관없어요. 왜냐하면 너도밤나무의 친구인 버섯들이 있기 때문이에요. 버섯의 가는 섬유는 너도밤나무의 뿌리에 자리를 잡고서 땅속에서 자라요. 버섯들은 땅속의 물과 광물들을 흡수하여 너도밤나무에게 전달해 주지요. 또한 버섯들은 영양분을 얻기 위해 먼 곳까지 옮겨 갈 수도 있어요. 마치 충직한 사냥개가 사냥꾼을 위해 사냥감을 몰듯 말이에요.

왜 나무들은 경쟁할까요?

숲 속에는 한 가지 법칙이 있어요. 가장 큰 식물이 승리하는 거예요. 어떤 나무가 주위의 다른 나무보다 성장이 느리면 그 나무의 잎은 어두워지고 쇠약해져요. 그런 치열한 경쟁 때문에 평평한 시골 땅에서 자라는 나무보다 숲에 있는 나무

들이 생기가 없어 보이지요. 시골에 있는 나무들의 가지는 낮게 달려 있고 커다랗기 때문에 사람들이 나뭇가지에 올라가거나 오두막을 지을 수도 있어요. 그에 비해 숲에서 자라는 나무의 줄기는 헐벗고 하늘을 향해 높이 솟아 있지요. 또한 나뭇가지들은 뒤로 젖혀진 삼각형 모양으로 꼭대기 쪽으로 집결해 있어요.

왜 작은 호랑가시나무의 잎에는 단추가 달려 있을까요?

그것은 단추가 아니고 열매예요. 또한 열매가 달려 있는 곳은 잎이 아니라 호랑가시나무의 줄기이지요. 나무 밑에 사는 호랑가시나무는 늘 초록색을 띠는 검불이에요. 나무의 줄기에는 타원형으로 부풀어 오른 것이 있는데, 잎으로 착각하는 그곳에 약 5mm 크기의 작은 정향이 달려 있어요.

그것이 호랑가시나무의 꽃이에요. 꽃들은 체리처럼 붉은 열매로 변해요. 예전에 전쟁이 일어났을 때에는 이 열매를 커피 대신 먹기도 했다요.

왜 히아신스는 그렇게 일찍 필까요?

히아신스는 너도밤나무가 자라서 태양빛을 가리기 전에 꽃을 피우려고 서둘러요. 히아신스는 태양빛을 아주 좋아하지요. 히아신스는 4월과 5월에 꽃을 피워요. 다행히 너도밤나무는 잎이 매우 늦게 나고 5월이 되기 전까지는 옷을 갈아입지 않지요.

그래서 너도밤나무도 히아신스도 살 수 있는 거예요.

왜 밤나무는 죽기 전에 빛을 낼까요?

밤나무의 껍질 안에 살면서 속을 다 갉아먹는 금빛의 버섯 때문이에요. 버섯은 공기와 접촉하는 부분을 따라 나무 안에서 길게 퍼져 빛을 발해요. 그 때문에 가을의 끝자락에 어두운 숲 속에 가 보면 몇몇 나무들의 밑동에서 마치 손전등처럼 환한 빛이 나와요. 물론 그런 나무들은 죽어서 이듬해 봄에는 볼 수 없어요.

수생식물

- 물은 식물의 근원이에요. 식물은 진화하면서 땅에 뿌리를 내리기 위해 대양을 떠났지만, 몇몇 식물들은 물이 있는 요람으로 돌아왔어요. 갈대와 수련, 맹그로브 같은 식물들은 잔잔한 연못에서 살아요.

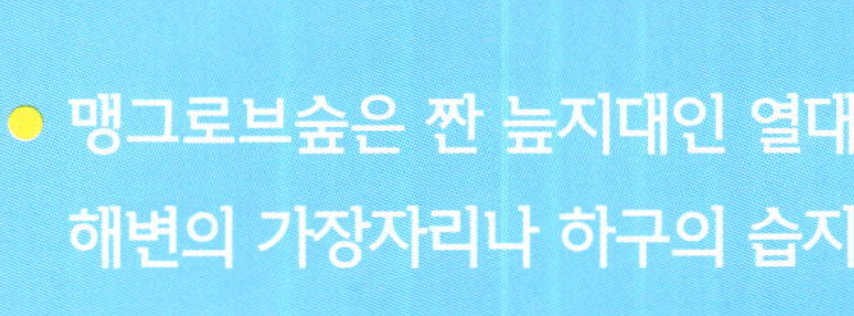

- 맹그로브숲은 짠 늪지대인 열대 해변의 가장자리나 하구의 습지에 위치해 있어요.

- 파피루스는 갈대와 비슷한 식물로 고대 이집트에서는 양탄자와 샌들, 종이를 만드는 데 사용했어요.

어떻게 수련이 풍뎅이를 유혹할까요?

수련은 늦은 오후에 꽃을 피워요. 수련의 흰 꽃은 파인애플 향을 풍기면서 먹을 것을 좋아하는 풍뎅이를 유혹하지요. 하지만 수련은 자신의 씨앗이 풍뎅이에게 먹히도록 내버려 두지 않아요. 풍뎅이가 꽃 안으로 들어오면 마치 감옥에 가두듯이 꽃잎을 닫아 버리지요. 수련은 다음날 저녁이 되어 향기가 다 사라지면 다시 꽃잎을 열어요. 그러면 당황한 풍뎅이들은 수련의 씨앗을 먹기보다 빠져나가려는 생각만 하게 되지요. 그래서 발버둥치다가 자신의 몸에 꽃가루를 묻히는 거예요. 그러고 나서 다시 배가 고파지면 풍뎅이들은 향기를 풍기는 흰색의 다른 수련을 찾아간답니다.

어떻게 식물들은 물에 빠지지 않고 떠다닐까요?

식물들은 물보다 가벼워요. 식물의 조직은 튜브 역할을 하는 공기로 가득 찬 작은 구멍이 뚫려 있어요. 수련은 다른 방식으로 물 위를 떠다녀요. 처음에 수련의 잎들은 물속에서 굴러다니다가 꽃잎을 활짝 펼치고 배영을 하는 것처럼 물 위로 올라오지요. 수련의 표면은 고무처럼 질기고 단단해요. 수련은 물 위를 떠다니면서 계속 자란답니다.

왜 물에 사는 히아신스는 큰 골칫거리일까요?

섬세한 푸른색의 예쁜 꽃은 진짜 침략자예요. 히아신스는 한 계절에 무려 65,000개 이상의 새로운 식물을 퍼뜨릴 수 있어요. 히아신스는 아시아와 아프리카, 미국의 연못과 강에서 사는 식물들이 자라지 못하게

왜 야생 낙우송은 뿌리가 울퉁불퉁할까요?

실편백은 미시시피의 질퍽한 늪지대에 살아요. 이 늪지대는 수분이 많고 비위생적이며 물속에 산소가 거의 없어요. 실편백의 뿌리는 숨을 쉬기 위해 1m 이상의 높이까지 부풀어 올라요. 그렇게 부풀어 오른 뿌리는 물의 표면까지 올라와 실편백이 숨을 쉴 수 있도록 도와주지요. 이 못생긴 울퉁불퉁한 뿌리를 '호흡근'이라고 불러요.

막고 그곳을 점령하여 물고기들과 오리들의 죽음을 불러와요. 또한 히아신스는 배의 추진기를 움직이지 못하게 해서 항해를 방해하지요. 하지만 물에서 사는 히아신스는 독성 물질을 견디는 특성이 있어서 오늘날에는 물을 정화하는 데 이용하기도 해요.

바닷물 속에서 자신의 뿌리와 함께 사는 맹그로브는 어떻게 번식할까요?

맹그로브는 자신의 가지 끝에서 아기 맹그로브를 만들어요. 아기 맹그로브들은 충분히 자라기를 기다리며 가지 끝에 붙어 있지요.

산에서 사는 식물

- 산에서 자라는 식물들은 추위와 세찬 바람, 강렬한 태양 때문에 힘들게 살아가요. 산의 맑은 공기는 태양빛의 반짝임과 낮과 밤 사이의 기온 차이를 더 크게 만들지요. 작고 날씬한 꽃들은 더 높은 곳에서 살 수 있어요.

- 에델바이스는 데이지 같은 초롱꽃목 국화과 꽃들의 할머니예요. 무려 3천만 년 전에 지구에 나타났어요.

왜 산에서 자라는 식물들은 땅 위를 기어다닐까요?

땅 위에서는 잘 자랄 수 없기 때문이에요. 산에서는 낮 동안 태양빛이 너무 강하게 비춰 줄기의 성장을 막아요. 밤이 되면 날씨가 너무 추워져서 줄기가 덜 자랄 수밖에 없지요. 하지만 뿌리는 따뜻한 땅속에 있기 때문에 계속 길어진답니다. 수십 미터나 길어지기도 하지요. 산의 식물들은 땅 위에 누워 있는 모양이지만, 뿌리가 든든하게 고정되어 세찬 바람에 맞설 수 있고, 서로 가깝게 붙어 있기 때문에 따뜻하게 지낼 수 있어요.

어떻게 산의 식물들은 얼음이 어는 날씨에도 자랄 수 있을까요?

산에서 자라는 식물들의 조직은 평지에서 자라는 식물들과 달라요. 이 식물들은 두꺼운 표면에 결빙과 해빙의 변화에도 변형되지 않는 작은 세포들을 가지고 있어요. 그 세포들은 0도에서도 얼지 않아요. 하지만 기온이 그보다 더 낮아지면 얼기도 하지요.

왜 목동들은 칼리나를 양 우리에 매달까요?

공기가 습해지면 칼리나(지중해의 엉겅퀴)는 잎들을 자신의 커다란 노란 꽃이 완전히 덮일 때까지 걷어 올려요. 그렇게 해서 갑자기 소나기가 내리는 것을 예상하도록 도와주지요. 그 때문에 목동들은 칼리나를 이용해서 날씨를 예상하곤 해요. 칼리나 덕분에 폭풍으로 인한 피해를 줄일 수 있어요.

왜 산에서 피는 꽃들은 색이 화려할까요?

온도가 20도나 더 높아요.
화덕이 따로 없어요!

왜 초롱꽃에는
수염이 나 있을까요?

수염이 난 초롱꽃은 곤충들
의 피난처 역할을 해 주어요.
밤이 되면 곤충들은 수염처
럼 흰색의 긴 털이 나 있는
종 모양의 작은 꽃 안으로 피
신을 하지요. 그러면 초롱꽃
은 꽃잎을 모아서 마치 둥글
게 웅크린 털 뭉치처럼 보이
게 만들어요. 바로 그 속에
행복해하는
곤충들이
들어 있어요.

여름에 산에서 피는 꽃들은 파
란색, 노란색, 보라색, 빨간색
으로 예쁘게 피어나 곤충들을
유혹해요. 아주 화려하게 치장
하지요. 꽃들의 선명한 색은
태양빛을 더 잘 흡수하여 식물
이 건강하게 자라도록 해 주어
요. 파란색과 보라색은 자외선
을 제외한 태양빛을 모두 흡수
하지요.

왜 용담의 꽃은
포물선 모양일까요?

그것은 꽃의 중심부에 태양
광선을 더 잘 모으기 위해
서예요. 꽃의 중심에는
영글어 가는 씨앗들이 있어요.
크리스마스로즈도 같은
방법을 사용해요. 그래서
꽃의 안쪽은 바깥쪽보다

황무지

- 황무지는 지중해 연안인 유럽에서 볼 수 있는 독특한 풍경이에요. 미국의 캘리포니아와 남아프리카, 호주의 언덕에서도 볼 수 있어요.

- 황무지의 겨울은 날씨가 온화하고, 여름은 덥고 건조해요. 물이 없어도 살 수 있는 몇몇 식물만 황무지에서 자랄 수 있어요. 그곳에서 자라는 식물들은 올리브와 초록 참나무, 코르크나무, 침엽수처럼 잎이 지지 않는 식물들이거나 로즈메리와 도금양, 시스터스, 라벤더처럼 수풀을 이루고 향기가 나는 키 작은 나무들이에요.

어떻게 올리브는 건조함을 견딜까요?

황무지에 사는 다른 많은 나무들처럼 올리브는 작고 질긴 잎을 가지고 있어요. 그 잎들은 나무가 땀을 흘리는, 다시 말해서 수액의 증발을 막는 표피로 덮여 있지요. 그래서 수분을 덜 잃고 여름에도 살아남을 수 있어요. 또한 올리브의 위쪽은 좋지 않은 태양빛을 막기 위해 짙은 초록색을 띠고, 아래 부분은 흰색으로 마치 열기에 대항하는 외투처럼 부드럽고 작은 털로 덮여 있어요.

어떻게 황무지가 생길까요?

지중해 주변은 지구에서 사람들이 살기 시작한 지역 중 가장 오래된 곳이에요. 세월이 흐르면서 사람들은 그곳의 숲을 개간하여 밭을 일구고 흙 속의 영

양분이 다 없어질 때까지 식물을 키웠어요. 오늘날에는 화재와 가뭄, 강력한 북풍, 폭식하는 양과 염소 들만이 그곳에 남아 있어요.

어떻게 소나무는 물 부족을 견딜까요?

영리한 소나무는 두 종류의 뿌리를 가지고 있어요. 긴 뿌리는 빗방울을 모으면서 땅 표면을 따라 뻗어 나가요. 땅 속 깊이 내린 뿌리는 물을 저장한 지하수층까지 곧게 뻗어 있지요.

왜 봄이 되면 버들옷은 잎이 떨어질까요?

버들옷(대극)은 여름의 건조함으로 고통받고 싶지 않아서 긴 잠을 잔답니다. 그러다가 가을과 겨울이 오면 잎이 피지요. 여름에는 잎은 떨어지고 뾰족한 가시만 남게 되어 양들에게 무서운 존재로 변해요.

어떻게 백선은 불을 붙일까요?

황무지에서는 좋은 냄새가 풍겨요. 열기로 인해 약간 잠든 상태인 곤충들을 깨우기 위해 식물들에게는 짙은 향기가 배어 있어요. 그중 백선은 조금 심하게 냄새를 풍겨요. 백선의 꽃과 잎, 줄기 등 모든 부분이 향기에 젖어 있어요. 하지만 조심하세요! 향수는 휘발유와 같거든요. 백선 가까이 성냥을 갖다 대면 주위의 건조한 공기를 이용해 불을 붙인답니다. 백선 자신은 불붙지 않기 때문에 남에게 불을 붙이는 것을 좋아해요.

왜 협죽도 잎에는 털이 나 있을까요?

식물이 숨쉬고 땀을 배출하는 잎의 아래쪽에 있는 작은 구멍들을 보호하기 위해서예요. 털구멍은 잎의 표면이 아니라 공기가 차가워지고 수분이 많은 상태로 유지될 수 있도록 털로 덮인 매우 작은 심층부에 박혀 있어요. 다시 말해 협죽도는 냉방장치를 이용하는 식물이랍니다.

사바나

어떻게 바오밥 나무는 가뭄을 견딜까요?

바오밥 나무는 자신의 몸을 물로 가득 채우고 있어요. 이 나무는 스펀지처럼 부드러운 몸통을 가지고 있어요. 비가 오는 우기에 바오밥 나무는 자신의 곧고 긴 뿌리를 이용해서 최대한 많은 양의 물을 끌어들여 몸통 안에 저장해 놓아요.

그 때문에 나무의 몸통이 부풀어 올라 무려 직경 9m까지 커질 수 있어요.

왜 아카시아는 잎사귀 없이 살까요?

아카시아는 우기가 오면 자신의 잎을 다 떨어뜨려요. 잎을 버려도 초록색 가시 덕분에 계속해서 광합성을 할 수 있고 정상적으로 살 수 있지요. 반대로

건조한 건기에는 잎을 가지고 있어요. 아카시아는 강한 열기에 의해 고통받지 않으려고 태양빛이 비추는 반대 방향으로 잎을 향하게 하지요. 마치 파라솔 같은 아카시아의 모습은 사바나에서 종종 눈에 띤답니다.

왜 사람들은 사바나의 거대한 풀을 '코끼리풀'이라고 부를까요?

풀의 높이가 코끼리의 허리 정도인 5m나 되기 때문이에요. 줄기는 빳빳하고 날카로워요. 그런 풀 속에서 사는 코끼리의 살갗이 거친 이유를 짐작할 수 있겠지요?

왜 만치닐 나무에는 가까이 가면 안 될까요?

만치닐 나무의 열매와 잎, 줄기 그리고 특히 나무껍질에 닿으면 기절하거나 심하면 죽을 수도 있어요. 중앙아메리카에서는 만치닐 나무를 '죽음의 나무'라고 불러요. 옛날에는 범죄자를 만치닐 나무에 옷을 벗긴 채 묶어 놓았대요. 그러면 그 사람은 24시간 내에 생명을 잃었다고 해요.

왜 여인목은 '여행자의 나무'라는 별명이 붙었을까요?

마다가스카르의 여인목(나그네 나무)은 크기가 3~4m나 되는 창 모양의 나뭇잎을 가지고 있어요. 잎사귀들은 다발로 묶여 빗물이나 이슬을 받을 수 있어요. 사막을 여행하다가 지친 여행자들은 이 나무를 만나면 매우 반가워해요. 여인목이 항상 신선한 물로 여행자의 갈증을 풀어 주고 맛있는 열매를 제공하기 때문이에요.

사막의 식물

사막은 심하게 말하면 생명을 잃은 곳이에요. 가뭄이 몇 년 동안 지속되고 어쩌다 비가 오면 모래 속으로 매우 빠르게 침투하여 깊숙한 곳으로 사라지지요. 그럼에도 불구하고 어떤 식물들은 그런 환경에 적응하여 살아간답니다.

그런 식물들은 매우 특별한 두 가지 특성을 가지고 있어요. 먼저 사막에서 사는 식물들은 수분을 지키기 위해 동그랗고 빽빽하게 땅 위에 들어서 있어요. 또한 즙이 풍부한 다른 식물들처럼 두껍고 질긴 표면에 가시를 가지고 있지요. 이런 식물들은 물을 저장할 수 있도록 특별한 수액을 가진답니다.

왜 선인장은 목마름을 견딜까요?

선인장은 진짜 저수통 같아요. 멕시코 사람들은 사막에서 갈증을 해소하기 위해 선인장을 잘라요. 땅에 퍼져 있는 무수히 많은 뿌리들 덕분에 비가 내리면 선인장은 빗물이 모래 속으로 침투해 없어지기 전에 미리 모아 놓아요.

선인장은 모은 물을 자신의 거대한 몸통에 저장해 놓지요. 혹시 선인장의 몸통에 있는 작은 주름들을 본 적 있나요? 선인장은 물을 마실 때 이 주름들을 활짝 펴고 충분히 물을 마신 뒤 다시 오그라든답니다.

왜 구르는 식물에 이끼가 끼어 있을까요?

서부영화를 본 적이 있나요? 영화를 보면 미국 서부에서 매우 유명한 식물인 맨드라미가 종종 등장해요. 건초 뭉치와 비슷하고 바람의 흐름에 따라 돌아다니는 맨드라미는 작을 때에는 초록색이고 땅에 고정되어 있어요. 그러다가 일 년쯤 지나면 건조해져 뭉치가 되어 구르면서 땅에서 떨어져 나오지요. 그때부터 맨드라미는 사막을 여행하기 시작해요. 여행을 하다가 우연히 다른 맨드라미를 만나면 서로 엉겨 붙는답니다.

그러고는 지나가는 길에 씨앗을 뿌리면서 열매를 제공하지요. 맨드라미는 이런 방식으로 뭉치면서 매우 빠르게 확산된답니다. 멕시코를 모두 점령하고 캐나다까지 올라가지요. 그래서 사람들은 맨드라미를 '굴러다니는 나쁜 잡초' 라고 불러요.

왜 리톱스는 자갈에 자신의 몸을 숨길까요?

사막에 사는 굶주린 영양과 물소 들이 서로 먹으려고 달려들기 때문이에요. 리톱스는 돌들 사이에서 자라는데 돌처럼 동그랗고 회색인데다 평평하기 때문에 누구도 그 둘을 구분하지 못해요. 잎사귀도 줄기도 없는 리톱스는 민들레처럼 노란 꽃을 가지고 있어서 때때로 드러나 보이기도 하지요. 이 노란색 꽃은 벌레들을 잡기 위해 오후에만 피어요.

왜 선인장에는 가시가 있을까요?

식물에게 잎은 굉장히 성가신 존재예요. 잎은 땀을 흘리면서 물을 소비하고 특히 사막에서는 더 빨리 추위를 타서 밤이 되면 얼기도 하지요. 게다가 잎은 영양의 먹이라서 공격당하기도 쉬워요. 하지만 선인장은 가시로 되어 있어서 그런 걱정은 하지 않아도 돼요.

왜 어떤 선인장들은 머리카락이 날까요?

머리카락은 선인장이 너무 뜨거워지는 것을 막아 주어요. 은빛이 나는 긴 머리카락은 태양 광선을 반사하는 데 매우 유용해요. 아프리카의 배두인족들이 착용하는 흰색 두건과 긴 소매 달린 외투 또한 더위를 막기 위해서예요.

어떻게 하월티아는 땅에 묻힌 채 살아갈까요?

남아프리카의 사막에 사는 옆으로 퍼진 식물인 하월티아는 비가 너무 오래 내리지 않으면 감쪽같이 사라져 버려요. 하월티아의 긴 뿌리는 서로 엉겨 붙어서 땅속으로 들어가고, 오로지 몸통의 끝부분만 모래 위로 나타나지요. 하월티아는 작은 결정체 같은 것으로 덮여 있는데, 이 부분이 마치 알루미늄으로 된 지붕 역할을 해서 태양빛을 흡수하여 광합성을 할 수 있도록 도와주지요. 반짝이는 태양빛과 동물들이 있는 지역에 소나기가 내리면 하월티아는 어김없이 다시 나타난답니다.

왜 버들옷은 속임수를 쓸까요?

아프리카에서 자라는 버들옷은 멕시코의 큰 촛대 선인장인 서와로선인장과 비슷하게 생겨서 그 둘을 헷갈리는 사람들이 많아요. 버들옷은 세로로 홈이 파인 긴 몸통에 가시가 돋아 있고 수분을 함유한 표피가 있어요. 버들옷은 꼭 선인장 같아 보이지만, 사실 선인장이 아니면서 속임수를 쓰고 있는 거예요. 버들옷의 꽃은 예쁘지도 않고 작고 매력도 없어요. 물론 꽃잎도 없지요. 각각의 줄기 끝에서 하나의 암꽃과 여러 개의 수꽃이 만나 아기 버들옷을 만들어 낸답니다.

왜 웰위치아는 절대로 잎을 떨구지 않을까요?

왜냐하면 잎이 두 개밖에 없기 때문이에요. 웰위치아는 세상에서 가장 이상한 식물 가운데 하나예요. 이 식물은 평지에서 나온 하나의 짧은 줄기와 두 개의 잎으로 되어 있어요. 그 두 개의 잎은 사는 동안 성장을 멈추지 않아요. 웰위치아는 무려 2,000년 동안이나 살 수 있어요! 두 개의 잎은 엄청나게 커지면서 생을 마감하지요. 다행히도 바람이 잎들을 찢고 잘게 부수어 가루로 만들어 버린답니다.

왜 용설란은 대포 소리를 따라 할까요?

용설란은 딱 한 번만 꽃을 피운답니다. 몇십 년 뒤에 용설란은 꽃들로 뒤덮인 거대한 줄기를 만들고 기진맥진해져서 죽고 말아요. 용설란은 꿀을 모으는 벌새들이 꽃 피는 시기를 놓치지 않도록 대포 소리를 내요. 멕시코에서는 용설란을 사용하여 메즈칼이라는 술을 만들어요. 술 맛을 더 좋게 하기 위해 병 속에 선인장에서 사는 애벌레를 넣어 놓아요.

왜 틸란드시아는 전깃줄 위에서 살까요?

틸란드시아는 높은 곳에 있는 것을 좋아해요. 그래서 거대한 선인장 위에 붙어 있거나 전깃줄 위로 올라가지요. 줄기도 뿌리도 없이 매달려 있기 위해서 자신의 잎을 꼰 다음 전깃줄에 감겨요. 틸란드시아는 깨끗한 공기와 물에서 살아요. 틸란드시아를 덮고 있는 회색빛 솜털은 이슬방울과 공기 중에 떠다니는 작은 물방울들을 잡을 수 있어요. 그렇게 작은 물방울만 있으면 틸란드시아는 행복하게 살 수 있답니다.

'나이프 받침' 선인장은 어떻게 가시로 된 양탄자를 만들까요?

멕시코에 있는 이 선인장은 공기 중에 서 있지 않고 땅 위를 기어 다녀요. 선인장의 몸통은 사방으로 뻗어 있는 가시로 덮인 긴 관처럼 생겼어요. 선인장은 뾰족하게 얽힌 기다란 모양이 될 때까지 돌들을 교묘히 피해 언덕을 기어오르고 다른 '나이프 받침' 선인장을 뛰어넘어요. 하지만 이 선인장도 막다

른 길에 놓일 때가 있어요. 관개공사를 하는 멕시코의 사막에서는 어쩔 수 없이 후퇴하지요. 선인장의 유일한 적이 바로 물이기 때문이에요.

정글

정글의 나무들은 어떻게 죽을까요?

정글의 나무들은 종종 길고 위협적인 줄기를 가진 '교살자' 식물에 의해 질색해 죽어요. 그때 나무들은 서 있는 상태로 죽는답니다. 어린 나무들은 죽은 나무들의 몸통에 뿌리를 내린 채 나무들이 흐물흐물해질 때까지 영양분을 섭취해요.

왜 정글의 칡은 빈 공간에 늘어져 있을까요?

정글에 있는 칡들은 아주 오래된 것들이에요. 정글의 칡이 성장하기 위해 접촉하는 나무들은 죽거나 무너져 버려요. 나무들은 다 죽고 칡만 혼자 남아 좌우로 흔들리면서 타잔과 원숭이들에게 즐거운 놀이터를 제공하지요.

왜 정글에 있는 나무들은 나이테가 없을까요?

왜냐하면 정글에는 계절이 없기 때문이에요. 정글에 있는 나무들은 계속해서 자라고 매끈하며 무늬가 없어요. 사람들은 그런 정글의 나무들을 잘라 가구를 만들어요. 예를 들어 흑단, 티크 같은 나무를 베어 가구의 재료로 사용하지요.

몸통을 감싸고 나뭇잎 끝까지 올라가요. 이 날씬한 줄기는 더듬더듬 무엇인가를 찾다가 단단하고 고정된 것을 만나면 착 달라붙어요. 칡은 나무 꼭대기의 둥근 천장을 뚫을 때까지 자라는 것을 멈추지 않아요. 구멍을 뚫은 뒤 칡은 마침내 휴식을 취하고 꽃을 피운답니다.

왜 파인애플은 잎이 흰색일까요?

파인애플은 원래 미국의 식물이에요. 파인애플의 영양분은 바로 잎들이 만들어요. 뻣뻣하고 다발로 모여 있는 잎들은 빗물을 모을 수 있어요. 그리고 물을 빨아들이는 작은 흰색 비늘로 덮여 있지요.

바로 이 비늘이 건조할 때 잎에 찰싹 달라붙어 잎이 땀을 많이 흘려 시드는 것을 막아 준답니다.

왜 일본 사람들은 땅이 흔들릴 때 대나무 아래로 피할까요?

대나무의 뿌리는 굉장히 조밀해서 땅을 견고하게 만들어요. 그래서 대나무가 자라는 땅은 잘 갈라지지 않아요. 대나무는 마치 자연의 기적과도 같아요. 사람들은 대나무로 종이, 파이프, 가구, 바구니를 만들고, 싹을 먹어요. 그리고 무언가를 데우기 위해서도 대나무의 열기를 이용하지요. 그뿐 아니라 건물을 지을 때 발판으로 대나무를 사용하는데, 그 이유는 대나무가 강철보다 세 배는 더 단단하기 때문이에요.

열대의 칡은 어떻게 자랄까요?

칡은 평생 오직 단 하나의 목적만을 가지고 살아요. 바로 일광욕을 하는 거예요. 그런데 운이 없게도 칡은 매우 어두운 곳인 지표면 가까이에서 싹이 나지요. 그래서 햇빛을 보기 위해 올라가기 시작해요. 칡은 유연하고 긴 줄기로 다른 나무들의

툰드라

- 툰드라는 북쪽에서 자라는 식물 군들이 모여 있는 마지막 지역이에요. 희귀한 녹색식물들이 끝없이 펼쳐져 있지요.

- 툰드라는 매우 광활한 지역으로, 극지방을 고리 모양으로 8백만km²나 두르고 있어요. 그곳이 지구 전체 크기의 6%나 차지한답니다.

- 툰드라의 겨울은 길고 눈이 많이 내려요. 기온이 가장 높은 여름은 섭씨 6도 정도인데, 그 기간은 길어야 4~8주밖에 되지 않아요. 바로 그 시기에 얼음이 녹고, 화려한 꽃들이 피는 것을 볼 수 있어요.

- '초록나라'라는 별명을 가진 그린란드는 툰드라 때문에 붙여진 이름이에요.

왜 여름에는 툰드라의 경치가 변할까요?

툰드라의 여름은 매우 짧아서 식물들은 이 시기를 놓치면 절대 안 돼요. 식물들은 자주색, 파란색, 금색 등의 화려한 작은 꽃들로 장식한 채 멀리 있는 곤충들을 깨우지요. 단조로운 툰드라 지역이 이 시기에는 정원의 매력을 갖는답니다.

툰드라의 늪지는 어떻게 형성될까요?

툰드라에는 늪지가 많지만, 사실 그 지역에는 비가 오지 않아요. 늪지는 여름에 얼음이 녹으면서 물이 생겨 만들어지지요. 녹은 물은 땅속으로 전부 스며들지 못하고 표면에 남아요. 여름에 볼 수 있는 이런 늪지에는 엄청나게 많은 모기가 살아요.

왜 툰드라의 초원은 곱사등이 모양일까요?

평평한 초원의 중간에는 수프가 끓어오른 것처럼 둥근 모양으로 솟은 곳이 있어요. 그 안에 땅속에서 모아진 물이 얼어 있지요. 이 이상하게 생긴 둥근 부분은 '핑고'라고 불러요. 어떤 해에 날씨가 더우면 이

부분이 녹아서 마치 세면대처럼 변한답니다.

왜 툰드라에서 걸을 때 마치 모래에서처럼 발이 빠질까요?

늪지대의 물은 식물의 줄기를 썩게 만들지만, 식물은 계속 살아서 자라요. 하지만 그런 과정은 땅을 스펀지처럼 부드러운 검은색 물질인 이탄(토탄)으로 변하게 하지요. 바로 이 물질이 사람의 몸무게에 의해 푹 꺼지게 되는 거예요. 예전에 아이슬란드 사람들은 연료를 얻기 위해 이 이탄을 가져다 태웠어요. 하지만 이탄은 연기만 많이 나고 열은 그다지 제공하지 못할 뿐만 아니라 고약한 냄새까지 났지요.

왜 툰드라에는 나무가 없을까요?

툰드라 지대인 북극권의 땅은 항상 얼어 있어요. 그래서 영구동토라고 불리지요. 하지만 여름에는 땅의 표면이 약간 녹아요. 땅이 녹으면 식물들은 뿌리를 내리려고 땅속으로 파고들어가지만, 10~12cm 정도밖에 내려가지 못해요. 그 때문에 나무들이 그 땅에서 살 수 없는 거예요. 오직 왜소한 버드나무와 자작나무만이 툰드라의 남쪽 지역에서 자란답니다.

왜 리크니스의 낙엽은 떨어지지 않을까요?

이 식물은 매서운 추위에 대항하여 외투처럼 사용하기 위해 잎을 붙인 채로 있어요. 그린란드에서 서식하는 리크니스는 작은 꽃으로 된 양탄자를 걸치고 있지요. 꽃은 항상 남쪽을 향하고 식물의 옆쪽에서 피어난답니다.

식물의 효능

어떻게 끈끈이주걱이 감기를 치료할까요?

식충식물인 끈끈이주걱은 사실 좋은 식물은 아니에요. 끈끈하고 붉은 작은 털로 뒤덮인 끈끈이주걱은 만지면 달라붙어요. 끈끈이주걱이 끈적거리는 것을 보면 어떤 병을 치료할지 예상할 수 있지요? 맞아요! 바로 콧물이 줄줄 흐르는 것을 치료할 수 있어요. 옛날부터 사람들은 감기에 효과적인 끈끈이주걱을 이용해서 시럽을 만들어 먹었대요.

어떻게 작은 버섯이 생명을 살릴까요?

페니실륨은 푸른곰팡이의 학명이에요. 페니실륨은 자신의 이웃들과 경쟁자들을 없애기 위해 독을 만들어 내는 나쁜 녀석이에요. 하지만 이 페니실륨 덕분에 오늘날 더 이상 감기로 생명을 잃는 사람이 없어졌어요. 1928년에 영국의 귀족인 알렉산더 플레밍이 이 곰팡이의 독성을 이용하여 페니실린이라는 아주 유명한 약을 만들어 냈어요. 현재 페니실린은 모든 항생제에 사용된답니다.

왜 마다가스카르의 페르방슈는 그토록 귀할까요?

페르방슈는 일반적으로 볼 수 있는 푸른빛이 아닌 보랏빛을 띤 푸른색에다가 다섯 개의 섬세한 꽃잎을 가지고 있어서 매우 예뻐요. 게다가 아주 유용하지요. 페르방슈는 대부분의 암을 이겨 낼 수 있는 물질을 만들고, 무서운 백혈병을 이겨 내는 물질도 만든답니다.

'크리스마스로즈'는 어떻게 병을 치료할까요?

고대부터 정신병을 치유하는 약으로 쓰인 크리스마스로즈는 정신병자들의 발작을 진정시키는 데 사용해요. 하지만 매우 적은 양을 사용해야 하지요. 왜냐하면 이 식물이 만드는 물질은 독성이 있어서 심장이 멈추거나 마비 증상을 일으킬 수도 있기 때문이에요.

왜 '만드라고라'는 사람들을 홀릴까요?

오래전에 만드라고라는 앞을 잘 보지 못하는 사람에게 시력을 되찾아 줄 만큼 놀라운 능력을 가진 식물이에요. 줄기도 없고 웃기게 생긴 파란색 작은 꽃을 가진 겸손한 식물이지요. 그런데 이 식물의 뿌리는 굉장히 특이한 모양을 하고 있어요. 바로 사람의 모습을 닮은 거예요. 이 식물의 열매는 밤이 되면 푸르스름한 색으로 빛나고, 땅속에 묻으면 이상한 소리를 내지요. 만드라고라는 마취성 식물로 진실을 말하게 하는 약을 만드는 데에도 사용된답니다.

지구의 미래

- 사람들은 자연을 개조할 줄 알았어요. 하지만 그런 활동이 자연을 파괴했지요. 숲이 사라지고 위험한 물질들이 공기 중에 배출되고 독성 폐기물들이 강에 마구 버려진 까닭에 지구의 미래에 큰 문제를 일으키고 있어요.

- 온실효과의 원인은 바로 이산화탄소예요.

사람들은 일 년에 70억 톤의 이산화탄소를 공기 중으로 배출하고 있어요.

왜 우리는 오존층에 난 구멍을 걱정할까요?

오존층은 굉장히 위험한 태양 광선인 자외선을 걸러 주는 역할을 해요. 만일 오존층의 구멍이 커지고 태양 광선이 많아지면 바다에 사는 물고기들의 먹이인 플랑크톤이 사라지면서 결국 먹이사슬이 파괴되고 말 거예요. 그리고 강한 자외선 때문에 피부병과 눈병을 일으킬 수 있어요. 그래서 남극 하늘의 오존층에 난 구멍에 대해 자세히 알아야 할 필요가 있어요. 미국만한 크기의 거대한 구멍 외에도 현재 남극의 하늘에는 다른 작은 구멍들이 뚫리고 있어요.

어떻게 온실효과가 일어날까요?

온실효과는 자연현상이랍니다. 공기 중에 있는 수증기와 이산화탄소 때문에 대기층이 마치 뚜껑처럼 지구를 덮어 열이 빠져나가지 못하게 하는 거예요. 온실효과가 없다면 지구의 온도는 영하 18도로 떨어질 테고 사람들은 살 수 없게 될 거예요. 오늘날 이산화탄소의 양은 계속 늘어나고 지구의 온도도 계속 올라가고 있어요. 학자들은 50년 안에 지구의 온도가 평균 4도 정도 올라갈 거라고 예상해요. 이 온도는 신생대의 온도와 같고, 그렇게 되면 바나나 나무가 알래스카에서도 자랄 수 있어요.

왜 우리는 너무 겁낼 필요가 없을까요?

왜냐하면 구름을 생각하지 못했기 때문이에요. 날씨가 더워지면 공기 중의 습도도 더 높아져요. 습도가 높아지면 구름이 많아지고 하늘을 뒤덮게 되

왜 지구는 추웠다 더웠다 할까요?

지구가 탄생한 이래로 매우 추운 날씨인 빙하기와 그보다 온화한 기후인 간빙기가 번갈아 나타났어요. 빙하기는 한번 오면 100,000년간, 간빙기는 10,000년 정도 지속되었지요. 이러한 온도의 변화는 마치 팽이처럼 태양 주위를 도는 지구가 진동을 하면서 나타나는 현상이에요. 지구가 주기적으로 태양에서 멀어지기 때문이지요. 현재 지구는 간빙기로, 이후에는 또다시 빙하기가 찾아올 수 있어요.

와 공장에서 분출되는 가스는 하늘로 올라가서 수증기와 반응하여 산성 물질로 변하지요.

지요. 하늘이 구름으로 덮였다는 것은 햇빛을 차단한다는 뜻이고, 그렇게 되면 우리에게 오는 열기가 줄어들게 되지요.

왜 산성비가 내릴까요?

산성비는 숲의 나무들과 호수의 물고기들을 죽이고 도시의 건물들을 부식시켜요. 자동차

찾아보기

에밀리 보몽 기획

논픽션 책을 기획하고 글을 쓰는 어린이책 작가예요.
책을 통해 초등학생뿐 아니라 미취학 어린이들이 꼭 배워야 하는 지식을 쉽게 알려 주지요.
작품으로는 '발견 시리즈'와 '꼬마 그림 사전 시리즈' 등이 있어요.

에마뉘엘 파루아시엥 글

유명한 어린이책 작가예요. 특히 「자연」「생태」「동물」「스포츠」「이집트」 등 초등학생을 위한 논픽션 책과
부모님을 위한 자녀 교육 지침서 「갈등 없이 자녀를 키우는 법」 등이 잘 알려져 있어요.

베르나르 알뤼니 · 마리 크리스틴 르메외 · 이브 르케슨 그림

어린이책, 특히 논픽션 책에 그림을 그리는 작가들이에요. 과학적이고도 재치가 넘치는 그림으로
자칫 어렵고 딱딱하게 느껴질 수 있는 내용을 쉽게 이해할 수 있도록 도와주지요.
작품으로는 「자연」「생태」「동물」「스포츠」「바다」「문명」「산맥」 등 여러 권이 있어요.

과학상상 옮김

이화여자대학교와 대학원에서 불문학을 공부하면서 어린이책을 번역하는 모임이에요.
내용이 충실하고 수준 높은 논픽션 책을 소개하고 알리기 위해 번역을 시작했어요.
「우주」「공룡」「환경」「에너지」「지구의 자연」 등 지식의 발견 시리즈를 우리말로 옮겼어요.